无毒清洁术

邓琼芳 / 著

重庆出版集团 重庆出版社

图书在版编目（CIP）数据

无毒清洁术 / 邓琼芳著. —重庆：重庆出版社，2012.4
ISBN 978-7-229-05011-5

Ⅰ. ①无… Ⅱ. ①邓… Ⅲ. ①家庭—清洁卫生—基本知识 Ⅳ. ①TS976.14

中国版本图书馆 CIP 数据核字（2012）第 047353 号

无毒清洁术
WUDU QINGJIE SHU
邓琼芳 著

出 版 人：罗小卫
责任编辑：王 梅 刘思余
责任校对：郑 葱
装帧设计：重庆出版集团艺术设计有限公司·王芳甜·卢晓鸣

重庆出版集团
重庆出版社 出版

重庆长江二路 205 号 邮政编码:400016 http://www.cqph.com

重庆出版集团艺术设计有限公司制版
自贡兴华印务有限公司印刷
重庆出版集团图书发行有限公司发行
E-MAIL:fxchu@cqph.com 电话:023-68809452
全国新华书店经销

开本：787mm×1 092mm 1/16 印张：12.5 字数：150 千
2012 年 4 月第 1 版 2012 年 4 月第 1 版第 1 次印刷
ISBN 978-7-229-05011-5
定价：28.00 元

如有印装质量问题,请向本集团图书发行有限公司调换:023-68706683

前　言

以"清洁剂的危害"为关键词在百度上进行搜索，仅仅0.032秒，就可以搜到相关网页约13.7万个，涉及黄褐斑、蝴蝶斑、头晕、食欲减退、贫血、白血病、不孕不育、胎儿畸形、癌症、肝功能下降等多种疾病的引发。尽管越来越多的主妇们已经意识到清洁剂的危害，但鉴于清洁剂的一流清洁能力，不少人又不得不继续以身试"毒"，戴上橡胶手套，戴上防污眼镜，甚至戴口罩外加闭气……不过，这样的"装备"仍然不能将毒性物质赶尽杀绝，化学剂的恶臭仍然会在家中各个角落流窜着，迟迟不肯离去。居家清洁本应是一件温馨又惬意的事情，但如今它却变成了苦事一桩，甚至被视为畏途。究竟应该如何选择清洁产品，才能实现与快乐健康零距离的清洁效果呢？好像没有人专门认真地研究过，而这正是众多主妇孜孜以求的问题。

一直以来，我们都在寻找将清洁工作操持得既简单高效又健康时尚的巧主妇，希望能帮助广大主妇走上健康清洁之路。终于，今天她们带着独家的清洁秘密武器、无毒清洁之法而来，纷纷亮出了清洁高招！令人意想不到的是，这些"高人"只是更科学地利用了身边各种未被发现的天然去污圣品。

比如，主妇Lily用让面粉发酵的小苏打，轻轻一抹，锅具瞬间崭新闪亮，灶台油污消失不见了，连牙齿都顷刻变得光彩闪耀；主妇陆露用日常调味品食醋，让衣物汗渍不复存在，室内烟味不再那么嚣张，将瓷砖地板清洗得一干二净；面临鼻头上的恼人黑头、皮包有了细微裂痕、"不速之客"蚂蚁全面来袭等问题时，Zinnia则拿鸡蛋来当御敌"将军"，

1

问题迎刃而解；而主妇 Carol 又把普通的瓜果蔬菜物尽其用，将土豆皮当做清除茶壶茶渍的"好帮手"，用西红柿给不锈钢做闪亮 SPA，皮鞋脏了就拿香蕉皮擦一擦……

另外，还有盐、淘米水、热水、茶叶、牛奶、牙膏、肥皂……更有巧主妇会自己 DIY 清洁用品，当小苏打遇到醋、香精油或者牙膏，当柠檬配上醋，抑或盐……你知道会发生什么奇妙的清洁效果吗？

总之，诸多唾手可得的天然生活用品，在清洁去污、抗菌、除臭方面，统统体现出了独特的超神奇功效。大到地板、墙面、家电，小到衣物、餐具、梳洗用具，它们均可帮助你有效、环保地实现清洁目标，让你的居家环境自然又健康，开启一扇美好生活之门。

嘘！别再瞪大你的眼睛，将嘴呈现"O"形啦！

捍卫健康、善待环境的清洁剂就在你的身边！现在就丢掉家中瓶瓶罐罐的化学用品，赶快跟着本书中的巧主妇们，一起见证这些天然用品的神奇清洁功效，打造一种健康无忧的生活吧！

书中切实可行的天然方法、详细的清洁步骤、俏皮可爱的小插图，足以让你一目了然、轻松上手。你会发现，花更少的钱就能立竿见影地达到最完美的清洁效果，而琐琐碎碎的清洁过程因多了自己的创意，竟也变得妙趣横生、精彩纷呈。

清洁完毕，挪一把藤椅，在午后三四点的阳光下，坐下喝一杯咖啡，或者翻翻老照片、看看旧杂志、听听经典老歌……就这样，在天然清洁打造出的无毒环境中，回归自然的怀抱，一缕清风，一片翠绿，惬意地享受好心情吧！

目 录

PART 1

小苏打——无毒清洁我最大　1

Lily 是个非常注重健康的巧主妇，打扫房间、做家务是她每天的必修课，不管什么时候走进她的家，从客厅到卧室，从厨房到卫生间，每一处都物品整洁、一尘不染……奇怪的是，Lily 家并没有瓶瓶罐罐的清洁剂，她的清洁法宝就是厨房里常见的小苏打。

小苏打，就是我们平时常说的"起子"、"焙碱"，白色细小晶体，溶于水后溶液呈碱性，能使油脂水解生成可溶于水的物质，这就是它的去污之道。要想知道更多关于这件小东西的清洁妙用，见证它的强大功效，现在就赶紧跟着 Lily 一起来学习吧！

PART 2

柠檬——开启无机清洁的美好时代　19

玛雅一直对酸食情有独钟，酸溜溜的柠檬是她的最爱。不过，在玛雅看来，柠檬可不仅仅是用来吃的，它还是清洁的好帮手呢！柠檬皮、柠檬汁以及柠檬水，只要几个简单的步骤，就可以让居家的每一个角落干净清爽，散发清新芬芳、沁人心脾的柠檬果香。

柠檬之所以这么"能干"，多亏了它与生俱来的柠檬酸，它能够使污垢与灰分散和悬浮，达到去污的功效；同时，它清新香甜带有新鲜又强劲的轻快干净的香气，是柑橘类水果里面解毒、除臭功效最好的一种。

瞧见了吧，酸酸甜甜的柠檬，功效还真不少！至于到底该如何用柠檬给家居做无毒清洁，我们一起来听听玛雅的分享吧！

PART 3

盐——"盐"传身教的清洁妙用 33

人们都知道盐是日常调味圣品，但是对于它的清洁用途，许多人就是一知半解，甚至闻所未闻了。盐的主要成分是氯化钠，它溶于水后会生成酸性的氯离子，碱性的氢氧离子，与污渍中的酸碱性物质接触，发生中和反应，达到平衡自然就能够去污了！

现在我们要介绍的巧主妇文萱，就是一个忠实的"盐"粉丝，为了让更多的人知道盐的清洁妙用，她把自己的清洁经验和盐的各种清洁妙用进行了归纳，如清洗毛绒玩具、让玻璃杯透亮、处理衣物血迹、去除胶鞋臭味……看过之后，保证你受益匪浅。

PART 4

淘米水——好用不花钱的超强清洁剂 45

小时候,Elva的妈妈就告诉过她,淘米水要留下来浇花,能把花养得壮又美。那时候,Elva想不通,洗过米的水怎么就变成肥料了呢? 后来,Elva长大了,她终于解开了这个藏在心里十多年的谜团。

原来,大米的表面含有钾,头两次的淘米水是弱酸性的,而洗过两次之后的淘米水就成了弱碱性的。弱碱性的水,可以代替肥皂水洗掉皮脂,而且它还比工业洗衣粉更温和、没有副作用。后来,Elva还发现,把淘米水加热后,清洁效用更强了,可以轻松地去油。

当然,淘米水的"本事"还不止这些,它在Elva的生活中还扮演了很多角色呢!

PART 5

热水——轻轻松松告别污垢 59

蒋妍妍家的微波炉、冰箱、拖把、梳子、开瓶器等总是干干净净的,让邻居朋友都很佩服。别人向她讨教秘诀的时候,她会拿起一个暖瓶说:"一壶热水,什么都解决了!"

大家以为她在开玩笑,后来才知道,原来蒋妍妍是认真的,她的清洁法宝竟然就是热水!

热水有这么厉害的功效?不要觉得不可思议,你在一杯冷水和一杯热水中分别滴入一滴红墨水,就会发现整杯热水变红的时间要比冷水短许多。这就说明,热水分子运动激烈,去污能力比冷水强。据说,热水是冷水清洁和杀菌效果的5倍呢!热水消除污垢更快更干净,保洁效果一级棒哦!

PART 6

茶叶——不只是天然的饮用良品　69

Maggie是一个电台DJ,她时常喜欢跟朋友说,茶叶可真是一个"神奇"的宝贝,即便是残茶你都不要丢弃,因为在家居清洁中它有一些我们意想不到的功效。去除卫生间臭气、清除霉渍锈斑、巧将家具以旧变新等等,她说的是真的吗?

没错,茶叶具有极强的吸附作用,它可以用来吸异味,我们常喝的茉莉茶,就是利用这一原理加工而成的。所以,Maggie把茶叶放置在有异味的空间里,自然就能让茶叶发挥出它的威力了!如果你过去不了解茶叶的这些妙用,就快来看看Maggie是怎么做的吧!

PART 7

食醋——你的生活从此"无毒无忧" 81

陆露家的卫生间里,经常放着一瓶醋。很多朋友对此感到不解:醋应该是在厨房才对,怎么放到卫生间里来了?陆露却说,家里的储物柜里,一定要有一瓶多用途清洁剂——醋!

别怀疑你的耳朵,你没听错,醋真的是一种天然的清洁剂。醋的主要成分是醋酸以及有机酸,它可以溶解很多油性污垢,中和一些碱性污垢,还能防霉、去除异味,有效地抑制霉菌滋生……总之,醋在家中各处的清洁都表现不俗。

可能你从前不知道醋的妙用,现在跟着我们的"醋娘"陆露试一试用醋来清洁家居,它的功效绝对出乎你的意料!

PART 8

牛奶——爱美人士的必备清洁武器 97

牛奶是苏盈生活中必不可少的饮品,它营养丰富、物美价廉、食用简单,还有着众多的清洁用途。牛奶中含有一定量的油脂,对于皮具或是木质家具有一定的去污、滋润效果。过期的牛奶中含有乳酸,这也是一种天然的去污剂,它所含的蛋白质和脂肪还能在木地板上形成一层保护膜。

牛奶真的有这么"强大"?没错!这些清洁用途都是苏盈在日常生活中——"摸索"

出来的,并且经过了亲身的验证。现在,她就要把这些宝贵的经验拿出来跟大家分享,你可千万不要错过呀!

PART 9

鸡蛋——宝贵的天然清洁物　107

　　Zinnia 是外企职业女性经理人,是 3Z 女人,具有"姿色、知识、资本"。在她眼里,鸡蛋既是补养佳品,更是美容圣品、清洁宝物,就连鸡蛋壳都有它独特的妙用呢!当脸上有黑头、头发枯黄分叉、皮包上有裂纹、榨汁机脏了……Zinnia 统统会巧用鸡蛋来解决。

　　鸡蛋真有这么神奇吗?没错,蛋清中含有丰富的蛋白质和少量醋酸,蛋白质可以增强皮肤的润滑作用,醋酸可以保护皮肤的微酸性,防细菌感染。而且,蛋白有一定黏合作用,有"天然胶水"之称,用它擦拭皮包、皮鞋是再好不过了!

　　还等什么,快来学点鸡蛋美容清洁妙招吧!

PART 10

牙膏——你手边的无毒清洁好帮手　119

　　安琪 5 岁的儿子贝贝是一个非常淘气的男孩子,在家里他经常乱涂乱画,到处留下污渍。为了"对付"儿子，安琪可谓是伤透了脑筋。突然有一天，她发现了牙膏的特殊妙用。此后，安琪就开始尝试用牙膏清洁各种东西，经过实践，她慢慢地自立了牙膏清洁的一大"门派"。

牙膏是无毒无害的，用它来清洁显然比化学制剂安全许多。牙膏成分里比重最大的是摩擦剂和润湿剂，粉状的摩擦剂可以轻松地消除一些顽固的污垢。

安琪到底都用牙膏清洁了什么，效果又如何呢？

PART 11

肥皂——安全放心的"清洁卫士"　131

肥皂，几乎每一个人都天天在使用，这是因为肥皂对皮肤具有去污洁净的作用。但除此之外，你还知道肥皂其他的清洁功效吗？

肥皂可是高效环保的清洁素材，它能增进油垢的亲水性，加速分解清除，达到洗净作用。肥皂的分子能包覆油污，在清洗搓揉过程中油污会慢慢变小，最后变成像水一样的状态。如此一来，不管是衣物上的花生酱，变旧的黄金饰品，还是恼人的不干胶痕迹，都能去除掉！

现在，就让陶子来告诉你，小小肥皂的各种清洁用途吧！

PART　12

香精油——在芳香中体验无毒生活　141

也许是因为自身职业的原因,美容师蓝澜对天然提纯的植物精油——香精油情有独钟,她不仅将香精油用于增强体香,而且还挖掘了它的种种清洁功效。的确,香精油独特的杀菌特性,要比化学清洁剂有效得多,而且不会对人体造成健康威胁。下面就是蓝澜为你整理的几个香精油清洁妙用。

PART　13

蔬果——不可多得的绿色清洁剂　153

名如其人,Carol 是一个外向风趣又古灵精怪的女人。她经常尝试着将普通的瓜果蔬菜物尽其用,将土豆皮当做清除茶壶茶渍的"好帮手",用西红柿给不锈钢做闪亮SPA,皮鞋脏了就拿香蕉皮擦一擦……蔬果佳品+清洁琐事,这般不可思议的搭配方法,你肯定想不到吧!

PART 14

无毒清洁术中的绝妙组合　165

进行居家清洁,也是一件需要创意的 DIY 乐事儿！当小苏打遇到醋、香精油或者牙膏,当柠檬搭上醋,抑或盐……你知道会发生什么奇妙的现象吗？现在,就和巧主妇们一起分享这些绝妙组合中的神奇清洁功效吧！

●小苏打+醋　167

排水口脏了、宠物宝贝发臭、白球鞋洗不白……遇到这些情况,具有除臭杀菌效果的"小苏打+醋"可以马上大显身手了。而且,这对天然素材的结合非常安全,你大可放心使用。

●小苏打+香精油　172

小苏打具有较强的分解污渍的能力,而香精油具有抗炎杀菌、改善空气的功效。使用小苏打和香精油,去污、消毒、增香统统到位,清洁工作将变得轻而易举、生动有趣！

●小苏打+牙膏　176

牙膏中含有碳酸钙,小苏打的主要成分是碳酸氢钠,将牙膏和小苏打混合使用,有

很好的美白效果。基于此,家里哪里黑了、脏了,唐雯都会第一时间"求救"于这一对清洁好搭档。

●柠檬+醋　178

柠檬和醋都是酸性物质,它们不仅是最佳的美容品,而且是不可多得的清洁妙方。乔恩用自己的亲身经历讲述了将柠檬和醋一起使用的清洁奇效,感兴趣的朋友们不妨一试哦!

●柠檬+盐　181

柠檬+盐可以制成鸡尾酒的一种,柠檬的酸和盐的咸,据说奇怪的味道让人无法忘怀。莉莎利用柠檬和盐的清洁方法,是不是一样会让你难以忘怀呢,一起来见证一下吧!

●纸巾+肥皂　184

把纸巾当做一次性抹布来用,是最好不过的了,可以省去不少清洗抹布的时间,而纸巾加肥皂又可以使居家清洁变得简单、省力起来。下面就是Kelly对"纸巾+肥皂"的巧妙用法。你可别小瞧这两者的组合哦,用过以后,你才知道它们的功效。

PART 1

小苏打——无毒清洁我最大

Lily 是个非常注重健康的巧主妇,打扫房间、做家务是她每天的必修课,不管什么时候走进她的家,从客厅到卧室,从厨房到卫生间,每一处都物品整洁、一尘不染……奇怪的是,Lily家并没有瓶瓶罐罐的清洁剂,她的清洁法宝就是厨房里常见的小苏打。

小苏打,就是我们平时常说的"起子"、"焙碱",白色细小晶体,溶于水后溶液呈碱性,能使油脂水解生成可溶于水的物质,这就是它的去污之道。要想知道更多关于这件小东西的清洁妙用,见证它的强大功效,现在就赶紧跟着 Lily 一起来学习吧!

NO.1 嘻嘻,厨娘终于学会了洗锅

Lily是个标准的"厨娘",她享受那种将各种普通菜肉变成美味佳肴的过程,但一提到洗锅,她就愁眉苦脸了。因为用完的锅具总是黏腻沾手,又不容易清洗。尤其是到了冬天,洗锅简直就成了受罪。为此,Lily尝试了很多种洁锅方法,功夫不负有心人,她终于找到了一种既方便又安全的办法,我们现在就来看看吧!

【大家来分享——巧主妇无毒清洁术】

烹、炒、炸、煎之后,锅壁、锅盖上多多少少都会留下一层油渍,更让人烦恼的是,这些油渍非常不易清洗。那么,Lily用的是什么刷锅技术呢?现在就把这个妙招介绍给大家,效果非常不错哦!

1. 让锅底不再油腻

将小苏打粉末放入锅中,倒入清水(水量要淹没锅底)。用勺子搅拌一下,使小苏打粉末充分溶解。然后,将锅放在火上加热。煮沸2~3分钟后,将水倒掉,再换清水将锅冲洗干净。

2. 清洗油腻的锅壁

将小苏打粉末与水配制成小苏打水,将小苏打水均匀地洒至抹布上。用抹布覆盖锅壁表面上的油渍处,待3分钟后擦拭。用清水将锅冲净,最后再用一块干抹布将锅壁擦干即可。

苏打水

3.去除锅盖上的油渍

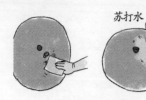
苏打水

先用一块质地较硬的纸板将锅盖油渍的表面刮掉。将小苏打水洒在锅盖上,油渍较重处可适当多洒些。待3分钟后,用干净的抹布将锅盖上的水渍擦掉,油渍就被擦干净了。

4.清洗锅上缝隙处

锅身、锅盖的缝隙中很容易留下油渍,不过Lily也有办法将它们轻松清除。取一个牙刷,用牙刷蘸取小苏打粉末或小苏打水,然后沿着缝隙处刷洗,最后用清水冲净就可以了。

怎么样? Lily的洗锅方法很简单吧! 好啦,以后再也别说洗锅麻烦了,让你家大大小小的锅具都轻轻松松远离油渍困扰吧!

NO.2 别让细菌在抹布上"安家"

在孟利眼里,抹布是一件"无所谓"的东西。抹布脏了她就用清水马马虎虎地搓一下,所以家里的抹布用不了多久就变得油腻又脏兮兮的了。所以,当孟利发现Lily家的抹布始终都白白净净时,不禁有些惊讶。对此,Lily的解释是:"抹布是家居的'重要兵',既要经常认真地清洗,又要定期消毒,其中还有一个小秘诀呢。"为了让孟利清晰明了地掌握这个秘诀,Lily决定当场演示一遍。

【大家来分享——巧主妇无毒清洁术】

抹布看似不起眼,实则小中见大。因为抹布最容易接触我们的餐具和食物,每天还要不断地使用,很容易成为细菌安营扎寨、生长繁殖的"温床"。不过,你也不必太担心,小苏打可以帮你将抹布上的污垢彻底去除,洗得干干净净。

1.抹布的清洗

将抹布平铺在桌子上，均匀地撒上小苏打粉末。用刷子蘸取清水，轻轻地刷洗抹布。之后，用水清洗一下抹布，就可以去除上面残留的污垢了。拧干后，放于自然通风处晾晒即可。

2.抹布的消毒

Lily 说自己每个星期都会给抹布消一次毒。抹布的消毒要比清洗多费一番工夫了，不仅所用时间要长些，而且还需要借助高温。

先用清水将使用过的抹布进行清洗，然后按照 1 升水对 4 汤匙小苏打粉末的比例配制成小苏打水，用小苏打水浸泡一会儿抹布，然后将抹布放入微波炉内，高温挡加热 1 分钟，再用清水搓洗干净，晾干即可。或者，将抹布在小苏打水中浸泡一晚上，亦可收到同样的功效。

> 作为后勤部队的主力军，工作结束后，你千万不要忘记给抹布"洗洗澡"，让它恢复得干干净净哦。以后当抹布又脏又腻时，就赶紧照着 Lily 的方法试试吧！

NO.3　让小苏打帮灶台"洁洁面"

周末，Lily 邀请同城的几个大学同学来家中做客。中午，一阵烹炸煎炒之后，Lily 家原本清洁的灶台已经变得油腻腻的了。见此情况，好友高欣有些无奈地说："每次做饭灶台上或多或少都会溅上油渍，而且越擦越脏，害得我一点做饭的心情都没有了，平时你有没有这样的感觉？"Lily 笑着摇摇头："其实，要擦拭灶台上的油污一点也不难。你瞧！这样不就可以了嘛！"

【大家来分享——巧主妇无毒清洁术】

每次做完饭,灶台台面上或多或少都会溅上油渍,让本来白白净净的瓷砖"脸面"变得发黄、发黏,更令人头疼的是,这些油污很难清洁。有没有什么方法能快速清洁油污呢? 来看 Lily 是如何做的吧!

方法 1

直接在灶台台面油污处撒一些小苏打粉末,在小苏打粉末上滴几滴热水,用抹布将小苏打粉末与油污一起由里及外轻轻擦拭,灶台上的油污就跟着小苏打粉末被擦干净了,再用干净的抹布擦干灶台即可。

方法 2

如果灶台台面油垢比较顽固,可将水与小苏打粉末按 4 汤匙对 1 汤匙的分量配制成小苏打水,将其装在喷壶中。在灶台油污处喷一些小苏打水,并将一块干抹布覆盖在上面,再在抹布上喷些小苏打水。5 分钟后,用抹布轻轻一擦,瞬间油污就消失了。

水与小苏打
4:1

厨房干不干净,看灶台就能一目了然。干干净净、光亮如新的灶台台面让人眼前一亮,你做饭的热情是不是也倍增了呢? 记住,趁着刚烹饪完时的热劲儿擦拭台面是清洁的最佳时机。

NO.4 果蔬让你难放心的话,就快用小苏打吧

秋高气爽的一天,Lily 和几个好友约好一起去郊外的某旅游景点旅游。转悠一番后休息时,Lily 拿出了两个饱满红润的苹果,并将其中一个递给了旁边的宛霞。宛霞正准备拿出水果刀削苹果皮,却惊讶地见 Lily 已经吃了起来:"天! 你怎么连皮也吃呢? 你就不怕水果皮上有农药吗? 我每次吃都要削皮的。"Lily 吃得津津有味:"苹果皮非常

有营养,扔掉多可惜。放心吧!我有妙招能把水果、蔬菜上的农药洗得干干净净!"宛霞凑了过来,有些兴奋:"真的吗?快告诉我你是怎么做到的?"

【大家来分享——巧主妇无毒清洁术】

不管我们如何用清水洗果蔬,果皮上面还是会残留一部分有害物质,这也是人们吃果蔬时削皮的主要原因。如果你想要做到"吃葡萄不吐葡萄皮",那也不是不可能。只要用小苏打作为清洁剂,那么无论是灰尘污垢,还是可怕的农药,都会一洗而光!

1. 用小苏打清洗水果

在盘子里倒入适量的清水,再倒一点小苏打粉末。用力搅拌几下,使小苏打粉末溶解得更彻底。用抹布蘸取小苏打水,仔细地擦拭几遍水果,要注意多清洗一下果蒂、凹陷处等不易清洗的地方。最后,用清水加以冲洗就可以了。

2. 用小苏打清洗蔬菜

将蔬菜放在盆子里,然后将小苏打粉末均匀地撒在蔬菜上。接着,用手简单地搓几遍蔬菜,以便小苏打粉末能更多地接触蔬菜表面。然后,在盆子中倒入适量的清水,没过蔬菜即可。浸泡10~15分钟后,用清水多冲洗几遍,这样就可以把蔬菜清洗得很干净了。

在小苏打的帮助下,相信你家的水果、蔬菜的卫生一定能上一个新台阶。诸多的忧虑都不需要再有,吃得安全、吃得放心,心情也会舒畅不少呢!

NO.5 抽油烟机很脏吗? 别担心

"咳咳……"Lily给表姐打电话时,表姐还没有来得及说话就是一阵猛咳。"表姐,你怎么咳这么厉害,是感冒了吗?"Lily赶忙问道。"不是,我是刚从厨房炒菜出来,油

烟太大了。家里的抽油烟机脏了，你姐夫今天拆卸下来去找人清洗了。"表姐边咳边说道。Lily一拍脑袋："表姐，你怎么不早说呢？其实，不拆卸抽油烟机也能够清洗，我每次都是这样做的……"

【大家来分享——巧主妇无毒清洁术】

抽油烟机易油腻又难以清洁，大多数人都习惯先将抽油烟机拆卸下来再清洗，这样既浪费时间又麻烦，还容易损坏机件。现在让Lily给你介绍一下用小苏打清洗的好方法吧，无须拆卸抽油烟机，省时又省力！

1.抽油烟机的外箱清洁

在一块干净的抹布上撒一些小苏打粉末，将抹布覆盖在外箱上的油污处，以画圆的方式轻轻擦拭，就可以消除油污。然后，用质地较细的百洁布再轻轻擦拭一遍，外箱就变得干净了。

2.抽油烟机风扇的去污

清洗风扇时，Lily会先自制半喷壶小苏打水。打开风扇，对着风扇喷洒小苏打水，这时风扇的油污会流到集油杯中。再在风扇上喷洒一些清水，把残留的小苏打水和剩余油污清洗干净。关掉风扇，用抹布把风扇擦拭干净，并将集油杯中的油污倒掉。

3.除去滤网上的油污

用喷壶将小苏打水均匀地喷洒到滤网上，等待3分钟，可让滤网上的油污充分软化。接下来，再用牙刷蘸取小苏打粉刷洗又小又密的滤网，这样一来，那些难于清除的油污很快就全都不见了。

4.清洁集油杯

集油杯是重油污区，很难清洗，可将小苏打水倒入其中，浸泡10分钟左右。然后，用牙刷刷洗几遍油垢处，再用清水加以冲洗即可。如果还有黏腻感，就用牙刷蘸取小苏打粉末再刷洗。

好啦,知道了这样既省力又简单的清洁方法,以后你家的抽油烟机脏了就再也不用费事地拆卸清洗了。一定要把握这个窍门,坚持经常性地清洁哦!

NO.6 给遥控器洗个"澡澡"吧

Lily 到同事姗姗家做客时,发现她家客厅储物盒里放着五六个遥控器,便有些好奇地问:"咦!你家怎么这么多遥控器呀?""唉,别提了。我家电视、空调的遥控器脏得特快,用清洁剂清洗又易损坏,我就多备了几个待换的。"姗姗耸耸肩无奈地说道。"为什么不试一试用小苏打清洁呢?它既可清除污垢,又不会伤害遥控器。"

【大家来分享——巧主妇无毒清洁术】

电器产品的遥控器由于手的频繁接触,极易受到污染,而使用清洁剂清洗又极易腐蚀电橡胶上面的导电层,那样就用不了了。这时候,你不妨尝试用小苏打清洁一下。

1.遥控器主体的清洁

将小苏打粉末放在一个容器里,不用放太多,1汤匙就可以了。用稍微有些湿润的抹布,蘸点小苏打粉末,反复地擦几遍遥控器主体,最后用一块干净的抹布擦干就可以了。

2.遥控器按键的细缝处理

在一个容器里放点干净的温水,用棉签蘸一点水,注意不要蘸太多,让棉签湿润即可。用已经湿润的棉签蘸些小苏打粉末,轻轻地刷洗遥控器细缝处。然后,取一个干棉签再擦拭一遍。

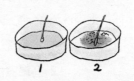

经过这样的小苏打"澡浴"后，原本脏兮兮的遥控器就会瞬间变干净了。轻轻一按，打开电视、空调……生活好不惬意！

NO.7 别给奶瓶留下卫生"死角"

Lily来看望刚刚"晋升"为新妈妈的表妹，她发现表妹给宝宝准备了两三个奶瓶。提到清洗奶瓶，表妹不以为然地说："奶瓶用凉水涮涮，然后用开水烫烫就好了。"但资深妈妈Lily却不那么认为："那样清洗会留下卫生'死角'，奶瓶会总雾着一层油腻腻的东西，对宝宝非常不好。""真的吗？那我该怎么办？我知道姐姐你是'内行'，快教教我吧！"表妹摇着Lily的胳膊，恳求着。"好吧好吧。"Lily拉着表妹走进了厨房。

【大家来分享——巧主妇无毒清洁术】

奶瓶和宝宝的生活息息相关，所以奶瓶的清洗疏忽不得。但是如何清洗奶瓶才最安全可靠，不给奶瓶留下卫生"死角"，放心地拿给宝宝使用呢？可能有的妈妈还不是很清楚，或常常为此发愁。现在就让Lily把她的好方法拿来分享一下吧，希望对妈妈们有所帮助。

1.小苏打溶液冲洗法

将小苏打粉末与清水配制成小苏打水，将小苏打水放入奶瓶中，盖上奶嘴，用力摇动奶瓶，这样能有效去除瓶内残留的奶汁。然后，将奶嘴取下来，

用牙刷蘸取小苏打水刷洗奶嘴、瓶颈与螺旋处。对于奶嘴细微处的污垢，可用棉签蘸取

10~15分钟后

小苏打水刷洗，最后用清水冲洗干净就可以了。

2.高温蒸煮奶瓶法

在锅中倒入一些小苏打，再倒入一些清水。先将奶瓶放入锅中，需注意水必须淹盖奶瓶，煮沸约 10 ～ 15 分钟之后，再将奶嘴

放入沸水中,煮5分钟左右,捞出晾干即可。

之所以将奶瓶和奶嘴分开,是因为奶嘴是用橡胶或硅胶制成的,耐热时间比较短,久了易软化,导致变形、损坏,甚至释放有毒物质。一般塑料奶瓶用高温蒸煮法最安全。

以上这两种方法均可达到杀除奶瓶细菌和病菌的功效,而且非常安全。如果家里有条件,可多备些奶瓶,及时更换,至少要3个月换一个。让奶瓶干干净净,助宝宝健康成长吧!

NO.8 来吧!让洗涤槽恢复光亮

"呀!这洗涤槽怎么卡了一层厚厚的污垢?"到宛霞家厨房洗手时,Lily惊讶地叫道。"是啊,每天要在洗涤槽洗菜肉、刷锅碗,多少都会留下些污物,又没有什么方法能彻底刷干净,所以就这样了。"宛霞双手一摊,无奈地说。"谁说没有好方法了,只是你懒得去寻找,不知道而已嘛,帮我拿一些小苏打过来。"接着,Lily挽起袖子"动手"了。几分钟后,看着洁净如新的洗涤槽,宛霞不好意思地笑了。

【大家来分享——巧主妇无毒清洁术】

洗涤槽是厨房里必备的清洁用具,可是因常年和水、油污接触,洗涤槽会渐渐变得脏兮兮的,摸起来黏黏稠稠,怎么刷都好像不够干净。生活中的你是不是也有这样的烦恼呢?如果有的话,那就赶紧来看看Lily是如何利用小苏打让洗涤槽恢复光亮的吧!

1.洗涤槽内壁的清洁

将小苏打粉末和清水配制成小苏打水,放在喷壶里。将小苏打水均匀地喷洒在洗涤槽的内壁上。3分钟左右后,用干净的海绵刷洗内壁,力度要轻,以免留下划痕。

2.刷洗洗涤槽细缝

洗涤槽四周的细缝不易清洗,可用牙刷蘸取少量的小苏打粉末,轻轻刷洗。牙刷毛能深入隙缝,轻松地就将污垢刷干净了。

3.洗涤槽滤网

将洗涤槽的滤网取出,磕掉沾在滤网上的污物。将滤网浸泡在小苏打水里,大约10分钟即

可。然后,用牙刷刷洗滤网的内外侧并放回。接着,打开水龙头,冲洗洗涤槽,并用湿抹布擦拭。最后,用干抹布擦干,油腻的污垢就全都不见了。

小苏打的研磨作用会除去洗涤槽的污渍并使它发亮。天天坚持如此清理,洗涤槽会洁净光滑,和新的一样。了解了如此有效又省钱省事的清洁方法,你还在等什么?

NO.9 让你家的座便器出落成美人

Lily的朋友晓爱正在忙着卫生间的装修,她想看看Lily家卫生间的格局布置,以此作为参考。于是,周六的上午她就来到Lily家"参观",这可让晓爱大开眼界,她没想到Lily家的卫生间居然这么干净,特别是座便器,一尘不染、亮白如新。晓爱惊讶地问:"你是怎么清洁座便器的,真的好干净呀!"Lily毫不吝啬,慷慨地把自己的清洁秘籍告诉了晓爱。

【大家来分享——巧主妇无毒清洁术】

日常清洁时,可以用清洁工具蘸取小苏打粉末来清洁座便器,不用费多大力气就能把座便器上的污渍清除得一干二净,亮泽如新。

1.座便器内侧

在座便器内侧撒上小苏打粉末,用刷子或细钢丝球蘸小
苏打粉末擦除,放水冲洗干净,可清除较轻的污垢。如果座便
器内有顽固污渍,可先用小苏打水浸泡30分钟后,再进行刷洗。

2.座便器外侧

将小苏打粉末和清水配制成小苏打水,将其装在喷
壶里,摇晃均匀。将小苏打水喷在座便器外侧,过5分钟
左右,用抹布或卫生纸将小苏打水轻轻擦拭干净即可。

3.座便器坐垫

座便器坐垫是沾染灰尘、细菌的主要之地,也要定期清
洁。在坐垫上撒上一些小苏打粉末,用手指将其揉进坐垫纤
维里。静置1~2小时后,用吸尘器将小苏打粉末吸净即可。

4.座便器水箱

在水箱中加入约5汤匙的小苏打粉末,用木棍或筷子搅拌几下,浸
泡3~5小时后,放水冲洗。这样不仅可以清洗水箱内侧,而且也可以将
座便器内侧一起冲洗干净。

> 在清洗座便器的时候一定要带上橡胶手套,保证手部的卫生。最好是
> 将调好的小苏打水放在喷壶里,常备于洗手间,每次用过座便器后,都喷洒
> 一些,非常方便。

NO.10 没浴缸清洁剂了? 没关系

痛痛快快地泡了一个热水澡后,Lily突然发现浴缸里有一层残留的皂垢、水垢以及
陈年黄垢,看起来很不舒服。这时候,Lily到厨房取了一些小苏打过来,不到半个小时,
浴缸就变得干干净净了,而且还有一股香香的味道呢!

【大家来分享——巧主妇无毒清洁术】

我们劳累一天回家泡个热水澡真是无比惬意,可每次洗澡后,刷洗浴缸却总是很费事,洗后又是一身的汗,还得再淋浴。如何才能让浴缸快速恢复洁白光滑呢?用小苏打再合适不过了,清洁效果非常好!

1.清除浴缸四周的污渍

先把浴缸里放满水,再加入小苏打粉末,这样就可以起到软化作用,减少浴缸四周的一圈污渍。一般情况下,1缸水中放入2汤匙小苏打粉末就行了!如果浴缸很久没有擦拭过了,看上去比较脏,那也可以多加一点,这都没关系!

2.清除浴缸中积聚的皂垢

浴缸难免会积聚一些皂垢,要清除它们也不难,你可以将2汤匙小苏打粉末与大约1升的温水混合,然后将小苏打水倒在污垢处。接下来,你就可以开始清洁啦!最后,将浴缸冲洗干净就可以了。

3.清除浴缸内的防滑条及嵌花部位的污渍

浴缸底部大多带有防滑条、嵌花,这些东西能有效防滑,可清洗起来却不是一件容易的事儿!以前,Lily擦拭防滑条都要花上一个小时,直到胳膊酸了也没看到浴缸变得洁白如新。后来,她用小苏打这个"法宝",只要20分钟就轻松搞定了!

第一步:先用湿的抹布将浴缸内的防滑条或嵌花部位打湿,这样有利于小苏打充分地溶解发挥作用。

第二步:在浴缸内的防滑条及嵌花部位撒上小苏打,至于放多少还要看这些地方的干净程度,撒好小苏打以后静置20分钟,让小苏打充分地发挥它的强大功效。

第三步:20分钟后,用抹布反复地擦拭,再用水冲洗干净。

按照Lily介绍的方法来清洁,你会发现浴缸和清洗前大不一样!对于爱干净的主妇来说,看到自己用手创造的"奇迹",必定会很有成就感。

NO.11 天花板干净了，怎么看都好看

由于忽略了对天花板的清洁，上面蒙上了一层灰尘，Lily感觉整个房间都暗了许多。于是，Lily给自己下达了一个艰巨的"工作任务"——清洗天花板。她拿着块抹布站在倒V梯子上开始了"工作"，结果擦拭了几分钟后，落了她一身灰不说，天花板比原来还脏了。Lily又将抹布换为了报纸，结果又留下了难以去除的碎屑。这下Lily发愁了，这可怎么办？由于用惯了小苏打，这次Lily决定再用它试一试。哈，还真搞定了，天花板干干净净的，真好看！

【大家来分享——巧主妇无毒清洁术】

天花板的位置最高，很容易附着灰尘，一旦有了灰尘看上去就特别明显。更令人烦恼的是，清洁天花板时，常会落一身灰尘，还会弄到各个家具上。这时候，小苏打又能"上阵"了。下面是Lily去除天花板灰尘的自创法。

第一步：将小苏打粉末放入喷壶中，向喷壶中倒入适量的温水，再用力地摇晃几下喷壶，以便让小苏打能充分溶解。

第二步：用喷壶将小苏打水喷到天花板上，反复地多喷几次，直到润湿为止。这样清洁起来就不会落灰了，而且清洁得很干净。

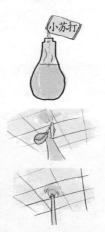

第三步：用一把干净的拖布或者是将抹布缠绕在长木棍上，反复地擦拭天花板，几遍之后就干净了。

做完这些后，Lily每次还要用蘸清水的拖布或者抹布，再将天花板擦一遍，并用吸尘器吸干，以消减残余小苏打水的腐蚀作用。

> 定期清洁天花板，会让整个居室看起来干净整洁，而且也会延缓彻底大清洁的需要。小清洁换来大干净，何乐不为呢？

NO.12 小苏打帮你刷出光彩闪耀的牙齿

老公爱抽烟、喝茶,Lily爱喝咖啡,时间一久,两人的牙齿就都变黄了,非常影响"开口"的美观。两人试过很多据说能去牙渍的产品,但效果都不令人满意,真让人大伤脑筋。直到前段时间,Lily从电视上学来了用小苏打去除牙齿烟渍、茶渍、咖啡渍的方法。Lily和老公试用后牙齿又白又亮,也不轻易变黄了。从此,Lily越来越爱笑了。

【大家来分享——巧主妇无毒清洁术】

用小苏打刷牙,你听说过吗? 小苏打有温和的磨砂效果,还有除臭杀菌等作用,可有效清除牙齿面上的牙垢、色素,使牙齿变洁白。如果你是喜欢抽烟、喝茶、喝咖啡的朋友,一定不能错过这个福音哦。

1. 小苏打=牙膏

刷牙前,取些小苏打粉末,放在小盘里。牙刷不放牙膏,用清水打湿后蘸取小苏打粉末,直接用来刷牙。刷牙时不可用力,以防损伤牙齿的釉质及牙肉。3天左右牙齿就变白了,也可有效预防蛀牙。

小苏打本身是一种碱性的物质,若长期直接用来刷牙的话,会对口腔、牙齿产生一定的腐蚀作用。所以,不能频繁使用,一周2次即可。

2. 自制漱口水

以前Lily把漱口水当做了护理口腔的日常用品,但后来得知市场上的漱口水大多含有消炎成分,易导致口腔菌群失调,诱发牙周炎、龋齿等,Lily便开始用小苏打自制漱口水了。

在1/2杯清水中加入1汤匙小苏打粉末,搅拌几下,使小苏打粉末充分溶解。然后,像平时一样漱口就好了。小苏打水可以杀死牙齿及口腔的细菌,使口气恢复清新。每次食用了葱、姜、蒜等味重的食物后,Lily都会借此消除口味。

利用小苏打刷牙、漱口，既方便又管用，最大的好处是可以带给口腔自然清新的感觉。如果你是繁忙的"工作族"，不妨多配制一些小苏打漱口水装在容器中备用哦。

PART 2

柠檬——开启无机清洁的美好时代

玛雅一直对酸食情有独钟，酸溜溜的柠檬是她的最爱。不过，在玛雅看来，柠檬可不仅仅是用来吃的，它还是清洁的好帮手呢！柠檬皮、柠檬汁以及柠檬水，只要几个简单的步骤，就可以让居家的每一个角落干净清爽，散发清新芬芳、沁人心脾的柠檬果香。

柠檬之所以这么"能干"，多亏了它与生俱来的柠檬酸，它能够使污垢与灰分散和悬浮，达到去污的功效；同时，它清新香甜带有新鲜又强劲的轻快干净的香气，是柑橘类水果里面解毒、除臭功效最好的一种。

瞧见了吧，酸酸甜甜的柠檬，功效还真不少！至于到底该如何用柠檬给家居做无毒清洁，我们一起来听听玛雅的分享吧！

NO.1 让冰箱永远散发清新的柠檬味

炎热的夏天里,玛雅下班回家后总是喜欢先喝几口冰凉的饮料,再吃上一块冰镇西瓜,对她来说这真是一件惬意的事儿。但随着冰箱里的东西越放越多,讨厌的异味就随之出现了。很多主妇对此都很无奈,可对于玛雅来说,消除异味并不是个棘手的问题,她总是能让冰箱在最快的时间里回到干净整洁的状态,并且散发一股股清香。前些天,小区主妇们开展"巧主妇竞赛",玛雅把自己用柠檬对付冰箱异味的好方法与大家做了分享,并因此获了奖。

【大家来分享——巧主妇无毒清洁术】

冰箱内部常因放置不同的食物而产生异味,外部也因手经常性的触摸产生手垢,看起来脏脏的,就算有再多的美食,也会让人大倒胃口。这时候,不妨像玛雅一样用柠檬清洁,杀菌、除臭一次就可以完成,而且冰箱还会散发沁人心脾的柠檬果香呢!

1.冰箱内部杀菌

将清水和柠檬汁以 1∶1 的比例混合均匀。用抹布蘸取柠檬水擦拭冰箱内部,再用干布擦干,冰箱异味全无,清香扑鼻。

2.冰箱内部除臭

在制冰盒的每一格里加入柠檬汁,静置 2 个小时左右,再用清水冲洗干净。或者,可以直接取 2~3 片柠檬片,散放入冰箱内,同样静置 2 个小时左右,其清香味亦可去除异味。

3.清洁冰箱封条

冰箱门缝内的白色橡胶封条往往是藏污纳垢的"温床",很容易发霉或发黑,既影响箱门启闭的灵活自由性,又缩短封条的寿命,不可忽略这里的清洁。用一把牙刷蘸着柠檬汁,从里向外轻轻地刷洗封条,这样即使细小的缝隙也会很容易变干净,最后用干布擦一下。

4.清洁冰箱外部

当进行完冰箱内部的清洁后,玛雅还会对冰箱外部进行一番清洁。将柠檬削成片或切成小块,直接拿来轻轻擦拭冰箱外部,再用干布将冰箱擦干。这样,冰箱外面看起来就干干净净啦!

玛雅还提醒说:"电冰箱内一旦沾上污物,就应该马上清洁干净。每过三个月要如此内外擦洗一遍,不给真菌任何可乘之机。"

怎么样?玛雅的方法很有效吧!不过,别忘了,在清洁冰箱之前要先拔掉电源插头哦!

NO.2 好尴尬,一身烟味怎么办

玛雅的丈夫凯和 Mary 的丈夫毅是生意上的好搭档,而且两人都是"瘾君子",几乎整天烟不离手。一次两人聊天时,毅抱怨了起来:"想戒烟吧戒不掉,但这一抽烟啊,衣服就沾上了烟味,洗都洗不掉,真是太尴尬了。"说完,他靠近凯闻了闻,"咦?怪了,你抽的烟不比我少呀,怎么衣服没烟味呢?"凯摸了摸脑门:"嗨,哥们儿,这事我可真不知道,衣服都是玛雅洗的,得问她去。"这不,第二天 Mary 就急匆匆地直奔玛雅家了。

【大家来分享——巧主妇无毒清洁术】

如果你是一个"瘾君子"的话,抽烟后不久,衣服上就会沾满了烟味,给人一种很不愉快的感觉,尴尬不已。回家后,赶紧用柠檬洗洗衣服吧!你会发现,衣服上难闻的烟味立刻就消失了。

方法 1

在一锅水中加入几片柠檬片,小火煮沸。将衣服放在柠檬水中,浸泡约 15 分钟。取出后,按照一般方式进行清洗。

方法 2

将柠檬汁与清水按照 1:4 的比例调制成柠檬水,将衣服浸泡其中约 1 个小时后,按照一般的方式进行清洗。如果烟味太重,就直接把衣物浸泡在柠檬汁中,30 分钟后再洗。

方法 3

将柠檬汁与清水按照 1:4 的比例调制成柠檬水,装入玻璃、塑料等容器。将衣物也放入容器,密封 1 天。取出衣物后,按照正常的洗衣方式清洗,就可以保证去除烟味的效果。

即使你本身不吸烟,但若是你工作或生活在有"瘾君子"的环境里,身上也经常会不可避免地染上烟味,以上几个利用柠檬去除烟味的小办法同样也对你有所帮助哦!

NO.3 想让木质地板恢复原木色泽吗

"我家那位真是伤透了我的心。"玛雅一接电话,就听到好友阿娜的抱怨,"我隔一天就拖一次地板,每周末都在家里做大扫除,他出了两个月的差回来后居然抱怨我没有好好料理家。"玛雅不免有些惊讶:"他怎么能这么说呢?""其实也不能怪他,怨我这些天一直用湿拖把拖地,导致前段时间刚铺的木质地板变色了,他才那么生气呢。"阿娜既委屈又自责,忍不住哭起来。玛雅想了想:"别哭了,我想我有补救措施。你家有柠檬吗?我现在就过去!"

【大家来分享——巧主妇无毒清洁术】

木质地板要经常保持干燥、清洁,不能用拖把拖,也不能用碱水、肥皂水擦洗,否则会损坏漆膜,破坏油漆的光亮度,失去原木的色泽。阿娜家的木质地板正是因此而变色的,可是,玛雅要柠檬干什么呢?她真的有好的补救办法吗?我们一起来看看吧!

1.木质地板轻微变色时

木质地板因沾有灰尘、油迹等而轻微变色时,可将柠檬汁与清水以1∶10的比例混合,装入喷瓶中,并均匀地喷洒在地板上。然后,用拖把或抹布擦拭地板,再用干布擦干残留液体即可。

水10 柠檬汁1

10∶1

2.木质地板变色严重时

如果地板变色严重的话,可将柠檬汁与清水以1∶10的比例混合均匀后,把拖把或抹布放在柠檬水中浸泡20~30分钟。然后,拧干到湿润状态,擦拭地板,再用干布擦拭。

柠檬汁不要太多,以免侵蚀地板木质,造成漆膜的发黏、失去光泽,以及地板面脱胶、翘起或裂缝。

"看到了吗?"玛雅认真地对阿娜说,"拖木质地板时加一些柠檬汁,只要你坚持如此,一个月后地板就能恢复原木的色泽了。"

NO.4 惨了!晚宴服沾上了污渍

"哎呀,你的晚宴服怎么弄得那么脏?"刚参加完一场宴会的玛雅和姐姐一到家,姐夫就指着姐姐身上鹅黄色的长裙说道。玛雅低头一看,可不是嘛,姐姐腰部有一大片明显的稠渍。"估计是我吃奶酪时沾上的,洗不掉的话就惨了,我最喜欢这件衣服了,这可怎么办呀?"姐姐气得要哭。"不用担心,让我用柠檬来给你洗洗吧,保你满意。"玛雅拍拍姐姐的肩膀,信心满满地说。

【大家来分享——巧主妇无毒清洁术】

参加晚宴时,晚礼服上常会不小心沾染到有颜色的污渍,如奶油、汤渍、果汁等,如果不赶紧清除的话,污渍很容易会留在衣服上,之后就很难处理了,还会留下异味。这时候,要立刻利用柠檬汁来处理!

1.清洗晚礼服上的固体污物

玛雅拿来了一张纸板将晚礼服表面上的奶酪渍刮除,又在湿毛巾上滴了些柠檬汁,便开始轻拭。待奶酪渍变淡后,将晚礼服单独放进了洗衣机里,用温水进行清洗。

看着洗得干干净净的晚礼服,姐姐对玛雅竖起了大拇指。玛雅笑笑说:"这种方法对清洗果肉酱、蛋糕等固体污物都很有效。而且,衣物上沾上汤渍、饮料渍等,都能用柠檬解决呢。"

2.去除晚礼服上的汤渍

在一盆温水中加入2小杯柠檬汁,将其搅拌均匀后,浸泡晚礼服2小时左右。如果污渍严重的话,就反复搓洗一会儿。然后,将晚礼服脱水,再用一般的洗衣方式清洗。

3.清除晚礼服上的饮料渍

不小心沾上了红酒、果汁等污渍时,可将纸巾分别铺在污渍正反两面,以按压的方式,尽量吸干水分。将纸巾拿掉,在污渍处喷洒柠檬汁,并用牙刷轻刷。如此重复,直到晚礼服上的污渍消除为止。

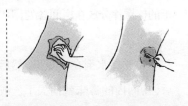

利用柠檬汁可以轻松地洗去有颜色的污渍,同时洗完之后衣服上还会散发出自然芳香的气味。这个方法无论是在白色还是彩色衣服上都有效,也不会使布料褪色哦!

NO.5   没想到吧,柠檬还可以除房间霉味

连续几天的绵绵细雨,房间里变得潮潮的,并散发出一股难闻的霉味。一回到家,阿娜就感觉浑身痒痒的,说不出的不舒服,她抱怨:"哎呀,这鬼天气,让人怎么在家待呀!"于是,阿娜决定去找玛雅坐坐。刚一进玛雅家,阿娜就觉得有一种清爽感,和自己家中的味道完全不同:"咦!奇怪,你家怎么没一点霉味呢?"玛雅指了指桌上的柠檬,笑道:"嘻嘻,这次你又没想到吧?"

【大家来分享——巧主妇无毒清洁术】

在细雨霏霏的雨季或是漫天雪花的冬日,整个房间很容易会因潮湿产生一股隐隐的霉味。在这里,让玛雅教你一个利用柠檬去除房间霉味的小创意,非常实用。

方法 1

在房间内直接放上两三个柠檬,只需两三天时间,就可以达到去除房间霉味的效果。

方法 2

将洗干净的柠檬皮(7~8 片即可),放在烤箱中烤干。然后,把烤干的柠檬片分放在房间各处,不仅能去除霉味,还能散发出丝丝清香。

方法 3

将柠檬水倒在喷壶里,然后往室内空中喷洒一些,过一段时间后,房间内的霉味就消失了。或者,你也可以用抹布蘸取少量的柠檬水擦拭地板、窗户、桌子等,亦会收到同样的效果。

阴雨天时,要经常使用换气扇和通风机进行换气和通风,及时清除厨房、浴室、卫生间的积水,这样可有效保持房间的干燥,以防霉味的产生。

NO.6 让锅具光亮如新,就这么简单

"太神奇了,我试过了,你的方法真有效。"浏览自己的博客时,玛雅又看到了一条新留言。最近类似的留言好多,这真让玛雅感到高兴和自豪。其实,以前玛雅家的锅具也全是油渍,而且还经常附着一层白膜,看起来脏兮兮的,怎么刷都没用。有一次做红枣糯米粥时,那粥居然是灰乎乎的颜色,这可把玛雅吓坏了。后来,她在网上询问除锅垢的方法,其中一个网友说柠檬最有效,并介绍了几种洗法。半信半疑的玛雅试用后发现锅具居然真变亮了,热心的她便将资料整理了一番,贴上了博客,和大家分享她的新发现。

【大家来分享——巧主妇无毒清洁术】

锅具上黏腻的油渍、泛白的水垢、黑色的污垢等,如果不马上处理干净,很容易会把锅表面的金属腐蚀,留下难看的斑点。怎么办? 赶紧和玛雅一样用神奇的柠檬来解决你的烦恼吧!

1.清除锅内油污

将削成片或切成小块的柠檬放在锅内,切面覆盖油污处。静置 20 分钟后,将柠檬片取下。然后,把柠檬片当做百洁布一样直接刷洗或擦拭油污处。最后,以清水加以冲洗,再擦干即可。

2.清除锅内水垢

将清水倒至锅内,水面盖住水垢即可,放入 2~3 片柠檬片,煮沸 15~20 分钟。熄火后,静置一晚。隔天将水倒掉,再用清水与百洁布刷洗锅内水垢,水垢很容易就消失啦!

3.清除锅内黑垢

将清水与柠檬汁混合均匀,注入锅内。柠檬汁与清水的比例维持在 1:2,小火煮至沸腾,10 分钟后熄火。待水冷却后,用百洁布轻轻刷洗黑垢处,直至斑点消失,再用水清洗。

柠檬适用于不锈钢锅、铁锅、铝锅。可以说只要一个柠檬,就可以让你家的锅具个个光亮如新啦,而且绝对不会留下划痕!亲身体验说明一切,赶快试一试吧!

NO.7 柠檬擦镜,擦出光亮新"镜界"

"妈妈,咱们家的镜子为什么总是这么亮呀?"玛雅 8 岁的女儿萱萱画画时,突然歪着头问玛雅。玛雅抚摸着萱萱的头:"那是因为妈妈会擦镜子呀!""那你也教教我吧,以后我就能将镜子擦得很亮啦。"萱萱拉着玛雅走到镜子前,认真地学了起来。后来,她在小日记本里写道:"今天我学会了用柠檬擦亮镜子的方法,妈妈说得很详细,我一一记了下来……"

【大家来分享——巧主妇无毒清洁术】

隔不了多久,家里的镜子就会灰头土脸的,变得模糊不清。用清水擦拭镜子很费力,不是留下水印就是擦不干净,而用专业的清洗液又太贵。有什么办法能解决这个问题呢?今天,玛雅要教你用柠檬擦镜。

方法 1

先用抹布清洗镜子上的灰尘,再用柠檬切片直接擦拭镜面,要有规律地从上到下一条线擦到底,就这样一行一行地擦完。然后,用干净的抹布轻轻擦拭。这样,镜面上会形成一层柠檬膜,可防止镜面沾尘。

方法 2

将柠檬汁与清水以 1:2 的比例混合均匀,将柠檬水均匀地洒在抹布上,擦拭镜子污渍处。污渍擦除后,再用抹布蘸取少量清水擦拭一遍,镜面即可清晰、光亮如新。

方法3

将柠檬汁与清水以1∶2的比例混合均匀,装入喷瓶中,用柠檬水喷洒整个镜面。静置1个小时左右后,再以干净的抹布擦拭,直到完全擦干,亦可收到相同的效果。

快快将浴室、洗手间以及卧室等地方的镜子统统擦一遍吧!镜子明明亮亮的,照镜子的人也会显得光彩照人哦!

NO.8 真恼人,菜刀总是有股腥味

在外出差时,玛雅留宿在乡下一对老夫妇家。老大妈对人蛮热情,做了醋熘鱼片、红烧茄子、凉拌黄瓜、白菜炖肉,邀请玛雅一起吃。玛雅喜出望外,可尝了几口后她发觉黄瓜中带鱼味、猪肉飘着茄香。看到玛雅不解的表情,老大妈说:"乡下人不比城里人讲究,我们生熟菜一刀切,肉腥味难免会串到菜里。"玛雅明白了过来,笑道:"大妈,不碍事的。不过,要想去除刀上的腥味我倒是有个方法,简单又有效。"不等大妈说话,大伯就抢先说了:"真的吗?那你赶紧教教大妈吧,我可不想一辈子吃串味的菜了。"

【大家来分享——巧主妇无毒清洁术】

日常生活中,菜刀经常与鱼、肉亲密接触,难免会沾染上腥味,这样做出来的菜味肯定会受到影响。要解决这个问题很简单,在厨房里准备上柠檬就可以了,不信你就试一试玛雅的做法。

1.柠檬片擦拭法

每次在动刀切肉之前,玛雅都会先将柠檬对切,然后用柠檬的切面直接在菜刀上的两面来回反复擦拭,擦拭3分钟左右后,再切肉,菜刀就不会轻易沾染上腥味了。

2.柠檬汁浸泡法

用清水冲洗干净切过肉的菜刀,再将菜刀放入柠檬汁中,浸泡一整夜。隔天,用清水将菜刀彻底洗净。这样不仅可以有效去除上面的腥味,而且还可以防止生锈。

柠檬清洁菜刀的方法非常简单,大家在生活中遇到此问题时,不妨照着做一做。一擦之下立显神奇哦!

NO.9 你的袜子也洁白如新吗

最近,马丹遇到了一件尴尬的事情,她和"死党"玛雅去逛街,试穿鞋子的时候却发现玛雅的白袜子比自己的要白好多!大学时期,两人就都喜欢穿白袜子,穿几次之后洗不白就直接淘汰了。可是,现在玛雅的白袜子穿了好多次后却还是跟新的一样。马丹百思不得其解,只好严刑逼供:"玛雅,有好东西要一起分享!说!你的白袜子怎么回事?得到什么秘籍了吗?"玛雅装作求饶状:"女侠饶命,小女这就如实招来,是这样的……"

【大家来分享——巧主妇无毒清洁术】

刚买的白袜子,才穿了几次就发黄了,怎么洗都洗不白,看起来旧旧脏脏的,这怎么办呢?其实,白袜子发黄不用怕,下面就让玛雅教你几个小妙招,轻松地让袜子洁白如新。

方法1

将柠檬切片,以5~8片为宜,放在锅中加水煮沸。熄火后,把柠檬水倒入放有白袜子的洗衣盆中,按照一般的清洗方式洗净。

方法 2

在盛水的洗衣盆里加入柠檬汁，柠檬汁与清水的比例最好是1∶4,将袜子放在洗衣盆中浸泡 1 小时后,再加以清洗。

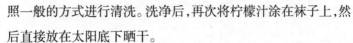

方法 3

将柠檬汁均匀地喷洒在袜子上,然后按照一般的方式进行清洗。洗净后,再次将柠檬汁涂在袜子上,然后直接放在太阳底下晒干。

市面上的漂白水多半有强烈的漂白效果,可以清除袜子上的污渍,却也会让其他部位变色。而柠檬汁则是安全温和又有效的"天然漂白剂",再脏的旧袜子也能洁白如新,快来试一试吧!

PART 3

盐——"盐"传身教的清洁妙用

人们都知道盐是日常调味圣品，但是对于它的清洁用途，许多人就是一知半解，甚至闻所未闻了。盐的主要成分是氯化钠，它溶于水后会生成酸性的氯离子，碱性的氢氧离子，与污渍中的酸碱性物质接触，发生中和反应，达到平衡自然就能够去污了！

现在我们要介绍的巧主妇文萱，就是一个忠实的"盐"粉丝，为了让更多的人知道盐的清洁妙用，她把自己的清洁经验和盐的各种清洁妙用进行了归纳，如清洗毛绒玩具、让玻璃杯透亮、处理衣物血迹、去除胶鞋臭味……看过之后，保证你受益匪浅。

NO.1 别因染色而放弃你心爱的衣服

"天啦,这可怎么办?家里的衣服被我洗得乱七八糟,他的白色T恤被染上了红色,我的粉裤子多了几块蓝斑,我该怎么办……"为了图方便省事,文萱把几件颜色各异的衣服一起塞进了洗衣机,结果它们居然统统被染乱了颜色。衣服没法再穿出去了,扔掉了又可惜,犹豫再三,文萱准备再多洗几次,可半大袋洗衣粉都用完了也没有用。一筹莫展的她突然想起曾在某个生活栏目看过有人用盐洗衣服,事到如今只能"乱求医"试一试了。嘿,谁知一试,衣服上的染色还真消失了。

【大家来分享——巧主妇无毒清洁术】

当把深浅不一的衣服放在一起洗涤时,浅色衣服很容易会被易褪色的深色衣物染色。怎么办呢?看文萱是怎样利用食盐来帮忙的吧。学会了这个方法,以后心爱的衣服再染上色的话就不要再发愁啦!

方法1

将被染色的衣物摊开,平放。在染色的地方撒上一把盐,轻轻地揉搓,约2~3分钟,染色就可消失。然后,放置一夜,次日早上用清水冲洗一下。

方法2

将1升清水和4汤匙食盐混合,搅拌几下,制成盐水。再用湿毛巾蘸上盐水轻轻地涂抹染色处,一般约30分钟就OK了。用清水浸泡一会儿,加以冲洗即可。

方法 3

将衣物放在阳光照射的地方,在染色处涂抹上食盐水(浓度可根据染色程度而定)搓洗几下,清洗干净。每隔半个小时再加涂一次食盐水,继续揉搓几下。一直到染色消失为止,再将衣服清洗干净就可以了。

要是衣服染色的范围大、多,就把衣服全放进盆里,倒上 50℃以上的清水再倒进一些盐,盐量要大一些。浸泡 10~15 分钟后,按照一般的方式进行清洗,衣服就会恢复原色。

如果你还在为衣服染色的事情发愁,那么现在就赶紧展开"救援"行动吧!将染色的衣服如此清洗一番之后,再来跟洗之前比较一下,你会发现效果是非常明显的!

NO.2　和玩偶熊靠再近也没事儿啦

因为喜欢毛茸茸、看上去温暖舒服的东西,莉莉和"死党"文萱一人买了一个胖乎乎的大灰熊。无论看电视还是发呆,开心还是寂寞,莉莉都喜欢抱着大灰熊。不过,比较麻烦的是大灰熊不耐脏,隔三差五就得拿去干洗,还有一块块黄斑,挺难看的。后来,莉莉和大灰熊亲密接触的时间渐渐少了起来。一次,去文萱家时,莉莉却发现文萱的小灰熊居然干干净净的。经询问,文萱说自己一直都是用盐给小灰熊"洗澡"的。用盐?看着莉莉惊讶的表情,文萱将自己的"清洁秘诀"娓娓道来。

【大家来分享——巧主妇无毒清洁术】

毛绒玩具是不少靓丽女青年的最爱,把它们放在家里深色的沙发或床上会让整个家看上去很明亮、温暖。但毛绒玩具大多为浅色,像白色、粉色、米黄色等,时间一长就脏了,又不易清理,洗后还卷毛。怎么办呢?快按照文萱的方法试试看吧,去污、抗菌和防螨全部实现。

1.盐粒干洗法

准备一袋大粒的粗盐、一个塑料袋。在塑料袋中放入适量的粗盐,再放入脏了的毛绒玩具,然后把口系住。使劲地摇晃,大约 50 次之后,将毛绒玩具拿出来,把表面粘的粗盐粒抖落干净,你会发现盐粒变黑了,而毛绒玩具干净了许多。

2.揉搓盐粒法

将毛绒玩具平放,把盐均匀地撒在上面,用手指将盐粒按压到毛绒隙缝中,手掌开始用力地以画圈的方式揉搓,各个地方都要顾及到,特别是领口以及袖口。如果要增强清洁的效果,你也可以改用刷子刷洗盐粒。最后,将毛绒玩具拎起来,抖落上面的盐粒即可。

3.盐水水洗法

用柔软的海绵或干净的干布,蘸取已稀释过的食盐水,轻轻擦拭毛绒玩具表面,待 2~3 分钟以后,再用清水擦拭一遍,自

然晾干即可。在晾干过程中,一定要间歇性地拍打毛绒玩具,并用梳子轻轻顺着毛绒的走向梳理。这样,毛绒玩具晾干后,就和洗前一样蓬松、柔软啦。

　　需要注意的是,盐粒越大越好,以方便盐粒的抖落。如果毛绒玩具上的一些污垢用盐很难清洗干净的话,你也可以到清洗店进行专业的清洗。

NO.3　玻璃杯能不能永远清透

"咱家的玻璃杯怎么像蒙着一层雾似的,我刷了好一会儿了还是这样脏,真烦人。"

文萱妈在厨房一边不停地刷洗杯子,一边朝正在客厅看电视的文萱说道。"妈,您别这么着急嘛。"文萱慢吞吞地走过来。"我能不着急嘛,一会儿客人就来了,这可怎么招待人呢!"文萱妈有些恼火,"我真不知道,我这个急性子怎么偏偏养了你这么个慢性子。"文萱不服气了:"哎!慢性子怎么了?慢性子不一定办事效率低呀!十分钟内我就能把这些杯子变得清透明亮,您看好了。"文萱说干就干……

【大家来分享——巧主妇无毒清洁术】

久置未用或刚用过的玻璃杯,会留下灰尘、油渍、茶垢等污垢,如果只用水来刷洗,不仅洗不干净,而且会使污垢扩展,变得更加模糊。要使玻璃杯快速地恢复晶莹透亮,该用什么方法清洗呢?很简单,用盐就能擦去玻璃杯上的污垢,清洁又卫生。

1. 清洗玻璃杯的外面

文萱用干净的抹布,蘸取了少许的食盐,轻轻来回搓擦附着在玻璃杯上的污垢。如此 2~3 分钟后,用清水冲洗干净,污垢神奇地消失了呢!用手指直接蘸取盐,在杯子上搓搓亦可。

2. 清洗玻璃杯内侧

将玻璃杯中放入适量的清水,再放入一小撮盐,搅拌均匀。一只手掌按住玻璃杯口,另一只手掌按住玻璃杯底,上下左右摇动玻璃杯,直到污渍被消除后,倒掉盐水,用清水加以冲洗就可以了。

3. 清洗玻璃内侧的死角

用棉签蘸上盐粒,或者用蘸上盐粒的小纸块包裹住牙签,有力度地擦拭玻璃内侧的死角,如杯底缝隙处。然后,用清水冲洗干净,擦干即可。清理效果非常显著。

文萱还告诉妈妈:"用盐洗完玻璃杯后,最好还要用干净的纸巾或抹布擦干玻璃杯,以免残留的水渍滋生细菌,做到真正的卫生。"

NO.4 清洗咖啡壶竟然这么简单

文萱是一个爱浪漫的女人,她喜欢极了弥散在咖啡里微苦的味道,小小的咖啡壶已经成为她必不可少的日用品。每次朋友来访,文萱就乐此不疲地自制咖啡。在她看来,这种欧式风格的招待方式不仅可以提升自己的品位,而且比较有面子。但谁都知道,咖啡壶用久之后,壶壁和壶底会沉积一层棕色的咖啡垢,清洗起来很费劲。可朋友们发现,文萱家的咖啡壶始终洁净如初。原来,文萱有自己的清洁妙招。

【大家来分享——巧主妇无毒清洁术】

咖啡壶用久了,壶壁和壶底会沉积一层棕色的咖啡垢,又不易清理,看起来很不雅观。此时,小小的盐就可以派上大用场,它能让凹凸不平的咖啡壶快速恢复光洁,而且不会有刮痕。怎么样? 快来试一试文萱的妙招吧!

清洁妙招 1

将 1 升清水和 4 汤匙食盐混合,调配成盐水,装满咖啡壶的水箱。然后通电,像通常煮咖啡那样让机器运行。煮完后倒掉盐水,再倒入清水,按照同样的程序再过一遍作为冲洗,清洁效果很明显。如果你觉得有必要,可以使用盐水运行两遍,再用清水冲洗。

清洁妙招 2

在咖啡壶里直接倒入一些粗盐粒,一手按住壶盖,一手托住壶底,然后较大幅度地摇晃咖啡壶,反复摇晃约 30 次后,将盐粒倒出。再用海绵把残留的盐粒轻轻擦除,就可轻松清除咖啡垢。

清洁妙招 3

取一大把盐,放入几滴清水,将盐和水搅拌均匀,成糊状。然后,将糊状盐涂抹在咖啡壶的污垢上,静置 1 个小时左右。再倒入一定的清水, 浸泡 3~5 分钟,冲洗干净后,就可以使用了。

看着光亮如新的咖啡壶，心情是不是也愉快了许多？那就来一杯咖啡犒劳一下自己吧！最后还要提醒大家，咖啡壶要定期清洗，这样才可以有效保持内部清洁和水流通畅，煮出更加美味的咖啡。

NO.5 染血了，用盐可以洗掉吗

"咚咚……"文萱和丈夫霖还在睡梦中，突然响起一阵急促的敲门声。原来是刚结婚不久的美女邻居曼曼，她带着哭腔说："阿飞早上切菜时不小心割破了手指，流血了，家里没创可贴了，你们家还有没有？"文萱一听，赶紧回屋拿了几张创可贴。来到曼曼家，文萱才看到阿飞衣服上、沙发上、地板上都滴上了血渍。想起上次用盐洗干净了染色衣服，她大胆地设想："盐是不是也能洗掉血迹呢？"在文萱的建议下，曼曼决定试一试。

【大家来分享——巧主妇无毒清洁术】

当衣服、沙发、地板等沾上血渍时，无论是用冷水还是热水清洗都可能会形成从亮红色到深褐色等不同颜色的血渍，很是让人头疼。这时候，到底应该怎么办呢？一起来见证一下文萱的方法管不管用吧！

1.衣服上的血迹

文萱将盐和清水配制成浓盐水，用棉签蘸取浓盐水轻轻擦拭血迹处，重复几次后，小块血迹消失了，却留下一处较大块血迹。于是，文萱将衣服直接泡在

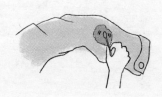

了浓盐水中，每隔30分钟换一次盐水。等盐水变干净后，她再用棉签擦拭几次后，血迹也不见了。

沙发和地板是无法在盐水中浸泡的，这让文萱和曼曼发愁了。不过，很快，文萱就想出了新方法。

2.沙发上的血迹

先用厨房纸巾将沙发上的血迹吸干,将浓盐水直接喷在上面,或者用棉签把浓盐水涂在血迹处,并用手轻拍。蘸取浓盐水再继续擦拭几次,直到血迹颜色消失,再用热水彻底清洗。

3.木地板上的血迹

将盐加入一点清水调成稀糊状,然后涂抹在木地板血迹处。等盐干燥之后,用吸尘器吸干净,血迹一般会变淡或消失。若血迹尚未消失,就用干净的湿毛巾擦拭几遍,直至血渍消失。

通过前后的对比,可以看得出来清洁效果很明显吧!有了以上简单易行的好方法,留在哪里的血迹都可以轻松解决啦!要赶紧记下来哦!

NO.6 木质砧板上的肉脂怎么清洁

在同事张一凡家做客时,文萱准备秀一秀自己的拿手好菜——肉末辣豆腐、葱爆羊肉丝。文萱的厨艺果然不是吹的,那两道"美肴"让张一凡大饱口福、赞不绝口。不过,更令张一凡惊讶的是:今天,自己家的木质砧板上居然干干净净。"我经常会做肉菜,砧板上总会留下一些肉末和油脂,很油腻。但今天为什么那么干净呢?"看着张一凡惊讶的样子,文萱慢悠悠地回答道:"其实很简单,我用盐洗了洗砧板!"

【大家来分享——巧主妇无毒清洁术】

切完肉的木质砧板上总是会留下一些细碎的肉末和油脂,摸起来黏黏糊糊的,无论怎么冲洗也很难除掉。文萱是如何用盐将砧板洗得干干净净的呢?一起来分享一下吧!

方法1

将食盐均匀洒在木质砧板上,用干净的刷子或百洁布顺着木质纹理,带动食盐刷洗砧板,再用清水加以清洗即可。这样做不仅能够很好地去污、杀菌,还可防止砧板干裂。

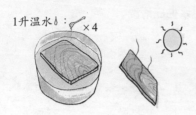

方法2

将1升温水和4汤匙食盐配制成温盐水,将砧板在温盐水里浸半小时左右。取出砧板,用蘸有温盐水的硬刷用力刷洗干净,并在阳光下晒干,便可彻底除去污渍和细菌。

> 每次切菜后,尤其是切生肉后,必须将菜板清洗干净,除去菜板表面的残渣,然后才可切熟制品或其他蔬菜,否则会使熟食受到污染。有条件的话最好准备生、熟两个菜板。

NO.7 真神奇!胶鞋异味居然消失了

一打开房门,一股难闻的气味隐隐飘来。"哎呀,这是什么味道呀?"文萱叫道。这时,曼曼正好也出门了,"文萱姐,阿飞昨天参加公司组织的运动会了,"她不好意思地指着门侧的一双胶鞋,"那双胶鞋太臭了,是吧?"文萱笑了笑:"那你怎么不好好刷刷那鞋子呢?"曼曼努了努嘴:"哎呀,我又刷又泡折腾了大半天,始终还是那股味。"文萱神秘一笑,凑近曼曼说:"嘿嘿,不瞒你说,以前霖穿胶鞋的味比这大多了,不过幸好我用了用盐,他现在穿的鞋都不臭了。"

【大家来分享——巧主妇无毒清洁术】

胶鞋粘上皮脂、汗腺以及灰尘,很容易产生异味。不过,有了盐的帮忙,即使是再难闻的异味,也可以消失得干干净净。而且,在消除鞋子上污垢的同时,还能使鞋色更加鲜艳呢!

1升水 ×4

方法 1

将 1 升清水和 4 汤匙食盐混合,配制成盐水溶液,将胶鞋浸泡在盐水溶液里,静置一个晚上。第二天用鞋刷蘸取盐水反复刷洗胶鞋,最后用清水冲洗干净,晾干即可。

方法 2

脱掉胶鞋后,在胶鞋内部撒上一些盐粒,保证盐粒的均匀分布。然后,用鞋刷沿着胶鞋轻轻地进行刷洗,鞋内的每一地方都要顾及到。如此重复 5 分钟,将盐粒洗尽,异味也就没有了。

方法 3

将胶鞋平放在地上,均匀地撒上适量的盐粒。然后,用塑料袋将胶鞋密封起来,如此放置一晚上后,将胶鞋取出,磕掉盐粒。如果胶鞋不怕变形的话,也可以用吸尘器直接将盐粒吸净,这样可以将异味彻底消除。

用盐清洁胶鞋后,可以用一张干净的纸或者抹布将剩余的盐粒收集起来,并用橡皮筋将其捆绑好,可用于下一次的清洁。

NO.8 毛巾上的问题,全都不见啦

公司要组织"黄山五日游"了,文萱和菲菲被安排在同一个房间。这次旅行非常愉快,五天的时间很快就过去了。收拾行李时,菲菲随手将自己发出怪味而且还发黏的毛巾扔到了垃圾桶,再一看,文萱正认真地叠放着自己的毛巾。菲菲凑了过去:"天!毛巾

都用五天了，你的怎么又香、又软、又干净！跟新的一样？"文萱宛然一笑，指着包里的一袋食盐说："洗澡时你总说我用的时间多，其实我是在用盐清洗毛巾。"菲菲瞪大了眼睛："什么？用盐就能把毛巾洗这么干净？！"

【大家来分享——巧主妇无毒清洁术】

日常生活中，人们习惯用肥皂，却越洗越黏糊，变得硬邦邦的，还散发出一种怪味。不过，用盐清洗就可以使上述的各种问题消失不见，毛巾会洗得又干净、又香、又柔软！

1.怎样使滑腻毛巾变清爽

毛巾变滑腻后非常讨厌，要想使其清爽，可将毛巾和一汤匙盐放入洗衣盆中，加入适量的清水，水要能淹没毛巾，浸泡一晚上。换用清水，用手搓洗毛巾 2 分钟左右，用水冲洗后不必拧干水分，放在通风处晾干便可。

2.怎样去除毛巾异味

先用清水将毛巾弄湿，将一汤匙盐涂在毛巾上搓匀，然后用牙刷轻轻地刷洗毛巾，大约 2 分钟后，再用清水加以清洗，在通风处晾干即可。如此两三次后，异味便可去除。

3.怎样使毛巾变柔软

毛巾变硬后，可把毛巾放入锅内，加清水淹没毛巾为宜，再放一汤匙盐，用温火煮沸 5 分钟。取出后，用清水加以清洗，晾干后，你会发现毛巾又恢复了蓬松、柔软的感觉。

文萱还告诉菲菲："清洗、晾晒、高温蒸煮等清洗毛巾的方式虽然经济又实惠，但只能在短时间内控制毛巾上的细菌数量。所以，毛巾要勤换，使用时间最长不能超过三个月。"

PART 4

淘米水——好用不花钱的超强清洁剂

小时候，Elva 的妈妈就告诉过她，淘米水要留下来浇花，能把花养得壮又美。那时候，Elva 想不通，洗过米的水怎么就变成肥料了呢？后来，Elva 长大了，她终于解开了这个藏在心里十多年的谜团。

原来，大米的表面含有钾，头两次的淘米水是弱酸性的，而洗过两次之后的淘米水就成了弱碱性的。弱碱性的水，可以代替肥皂水洗掉皮脂，而且它还比工业洗衣粉更温和，没有副作用。后来，Elva 还发现，把淘米水加热后，清洁效用更强了，可以轻松地去油。

当然，淘米水的"本事"还不止这些，它在 Elva 的生活中还扮演了很多角色呢！

NO.1 赶走脸部油脂? 淘米水就可以

Elva是某一公司的网站编辑,从早到晚都面对着电脑,其辐射大大地刺激了她本就脆弱的皮肤。虽然Elva试过很多种护肤品,但整个脸部依然油光可鉴,还经常冒出小痘痘。为此,同事经常戏称Elva为"犹太人"(太油人),真是令人苦恼。后来,Elva偶然在网上看到淘米水可以用来洗脸,而且去油脂效果很好。她抱着试试的心态,决定尝试一下。嘿! 果然有奇效。

【大家来分享——巧主妇无毒清洁术】

淘米水为何具有去油、美肤功效?这是因为淘米水中残留可溶性的水溶性维生素、矿物质,维生素B群的含量也特别丰富,可营养皮肤、促进新陈代谢。这是纯天然的护肤方法,天天洗也没问题,下面就来分享一下它的具体操作步骤吧。

第一步:洗脸用的淘米水可是有讲究的哦,要用第二次淘过的水,因为第一次的太脏,而最后的又太稀。将第二次的淘米水放在容器里(锅碗瓢盆之类的皆可),静置,最好盖上盖子,以免异物进入,静置一夜。

0.5 : 1

第二步:经过一夜沉淀后,取乳白色状的淘米水,倒入洗脸盆中。然后,往淘米水内注入清水(冷热水皆可,以温水为宜),水量约为淘米水的1/2即可。

第三步:按照一般的洗脸方式洗脸就好了。

如此坚持一段时间后,脸上的油光就可以得到明显的改善,痘痘也就基本上没有了,而且皮肤会变得光滑细嫩、有光泽。

另外,淘米水还可以做"面膜"呢。晚上看电视时,Elva 会将乳白色状的淘米水涂在脸上,就像涂面膜一样,然后等到快干的时候,用手轻轻揉搓,最后用清水把脸洗干净。虽然简单,但是效果却是不错,而且绝不会耽误你欣赏喜欢的节目哦。

这么简单经济实用的方法,大家都可以做的。不过 Elva 要提醒大家的是:淘米水洗脸只适合油性和混合性皮肤的朋友们哦,干性和敏感肤质的朋友不要轻易尝试。

NO.2 淘米水洗碗筷,既去油腻又节水

Elva 和老公严励邀请几个好友一起在家中开 Party,准备了一大桌色香味俱全的佳肴,大家吃得不亦乐乎。但收拾餐桌时,看着油腻的碗筷,严励不禁有些发愁了。见此情形,Elva 笑着说:"别担心,待会儿我就让碗筷上的油腻消失不见,你陪朋友们聊天吧。"过了一会儿,严励走进厨房,嘿!碗筷洁净如新。Elva 朝碗柜处的半盆淘米水努了努嘴:"煮饭时我不让你倒淘米水,看看,这会儿派上用场了吧!"

【大家来分享——巧主妇无毒清洁术】

淘米水去油、去污能力非常强,且不含化学物质,用它清洗油腻的碗筷效果非常好,既好冲又好洗,而且免除了使用专用洗涤剂的顾虑,健康又经济,还不伤手。大家可以试一试哦。

1.碗筷油污不严重时

当碗筷油污不严重时,可先将碗筷用清水打湿。然后,用干净的洗碗布蘸取一些淘米水,反复擦拭碗筷。直到将碗筷上的油污抹去,再用清水冲洗干净就可以了。

2.碗筷油腻严重或较多时

当碗筷油腻严重或较多时,可在清水中加入适量的淘米水(根据碗筷的数量和用水量酌情增减),将碗筷放在淘米水中浸泡。半个小时后,用洗碗布擦洗干净,再用清水加以冲洗即可。

每次用过的碗筷要及时清洗,不要残留水渍,然后放在通风的碗橱及筷笼里自然晾干。为了防尘,碗要倒扣,或用小罩子盖起来。如果有条件的话,还可以买个消毒柜,这样更卫生、美观。

NO.3 借用淘米水,快速清洁百叶窗

阿灿去 Elva 家借东西时,发现她家客厅的百叶窗特别干净,显得室内光线也明亮了不少。阿灿一边打量百叶窗一边问 Elva:"百叶窗一格格的,不容易清洗,卸下来洗又很麻烦,为此我伤透了脑筋,你平常都是如何清洗的? 是不是很麻烦?"Elva 轻松一笑,回答道:"其实百叶窗不用卸下来就可以清洗得干干净净,只要有淘米水就可以啦!"

【大家来分享——巧主妇无毒清洁术】

百叶窗很难清理,不仅叶片多且质地软,擦拭起来很不方便,也很难彻底擦净。而且,稍有损坏就装不回去了。快来看一看 Elva 用淘米水清洗百叶窗的好方法吧,干净不说,还省时又省力哦!

1.清洁百叶窗的窗框

一只手戴上防水手套,再套上尼龙手套。将适量的淘米水倒至手掌,使尼龙手套湿润但不滴水。然后,用手直接擦拭百叶窗的窗框。若手套脏了可用清水清洗,再倒取淘米水继续擦拭,最后用清水擦拭干净。

说到这里，阿灿又问了："用抹布一格一格地清理百叶窗叶片也很费事，有没有更快的方法？"Elva笑笑说："我们可以准备一个市售的五抓刷，这样就可以大大减少工作量啦！"

2. 清洁百叶窗的叶片

用五抓刷不时地蘸取适量的淘米水，夹住百叶窗叶片，按照从左往右或从右往左的顺序来回刷洗叶片的平面和棱角，一叶一叶地擦拭，全部擦完后用五抓刷蘸取清水再刷洗一遍即可。注意百叶窗叶一片片很软，易折断，所以不要太用力。

3. 清洁百叶窗的叶片夹

在干净的抹布上倒上淘米水，两手配合拧干，使抹布保持不滴水的程度。在百叶窗后面垫一个厚纸板，一手托住厚纸板，一手拿湿抹布擦洗叶片夹，直至将叶片夹的污垢清理干净。同样，再用清水擦拭一遍即可。

最后，要用干手套或干抹布将百叶窗的窗框、叶片、叶片夹彻底擦干，不要留有水渍，以免产生鳞状剥离现象。而且，这样也可以让百叶窗快速恢复白净，看起来一尘不染。

NO.4 砂锅保养的学问，你学会了吗

周末，Elva请表妹姗姗来家里吃饭，她准备照例做姗姗最爱吃的砂锅排骨汤、砂锅豆腐。一直不爱进厨房的姗姗突然心血来潮，提出要学习一下砂锅菜。一番忙碌之后，两人终于做完了。兴奋的姗姗急着要品尝砂锅菜的浓香，却见表姐拿出了一大碗淘米水。"你怎么还留着刚刚淘米的水呢？这是要干什么呀？"姗姗有些好奇地问道。Elva笑着拍拍姗姗："丫头，光学会用砂锅做菜不算，你还要知道砂锅保养的学问，其中淘米水必不可少哦。"

【大家来分享——巧主妇无毒清洁术】

砂锅是炖肉、煮汤的好工具,其诱人的香味会让人忍不住。可是当砂锅出现污垢或者发生漏水可怎么办?今天,Elva来教你一招,用淘米水洗砂锅,这些问题就都解决啦!

1. 去除砂锅上的污垢

砂锅里难免会积有污垢,砂锅底也容易被熏黑。这时,可以将砂锅整体浸泡在盛有淘米水的盆里,先加热5分钟。然后,用刷子反复刷洗砂锅上的污垢,直到污垢被除掉,再用清水冲净。

3~4天

2. 修补砂锅上的裂缝

砂锅发生微细的裂缝后,可将浓度较高的淘米水倒入砂锅,静置3~4天时间。再用砂锅煮东西,使淘米水中含有的米糠受热变黏,就可以堵塞砂锅的微细裂缝,完全补好砂锅。

3. 防止砂锅渗水和漏水

姗姗准备明天就去买一个砂锅,Elva告诉她新买的砂锅也要用淘米水保养一下,可有效防止砂锅渗水、漏水,延长使用寿命。

保养方法如下:先用淘米水洗刷几遍砂锅,再将砂锅中装上淘米水,温火烧半小时左右。将淘米水倒掉,用干抹布将砂锅擦干净。

砂锅有易裂的弱点,其保养工作更多地体现在使用过程中。如使用时不能将过热或过冷的水倒进冷锅里,应使用温水;不能立即用大火烧煮,而应用温火烧一会儿,等砂锅适应较高温度时,再将火开大。

NO.5 哈哈,我的菜刀不爱生锈

严励是某五星级饭店的一级厨师,他总是喜欢一边哼着歌,一边把手里的菜刀切得

当当响，就看着肉片儿、菜丝儿小山一样地堆了起来。令同行艳羡的是，那把菜刀跟了严励两三年了，始终锃亮、锋利。"我尤其厌恶用有些生锈的菜刀，那会砸了我大厨的手艺。为此，Elva 教给我一个防锈的绝招，那就是用淘米水洗刀。淘米水含丰富淀粉质，可以在铁刀上产生保护膜。"严励如此对同行解释道。好刀在手，切菜不愁。菜刀就是厨师的招牌，难怪严励总爱拿着菜刀摆弄、炫耀了。

【大家来分享——巧主妇无毒清洁术】

很多家庭喜欢使用铁菜刀。但这铁菜刀，你得会收拾，整不好，它就爱生锈，影响使用。菜刀生锈了怎么办？这是很多人急于想知道的。对付锈斑，淘米水可有用了，三个绝招就可以轻松搞定。

绝招 1

用完菜刀后，用干净、柔软的抹布蘸取淘米水，反复擦抹几次。然后用温水将菜刀冲洗干净，放在干燥的地方晾干，再把它放回去就好了，既干净又能防止生锈。

"这是我和 Elva 最常用的洗刀方法，非常简单。"严励说道，"但若菜刀上的锈迹较多的话，还有其他两种清洁绝招哦。虽然它们费事一点，但清洁效果非常棒！"

绝招 2

使用完菜刀后，将其浸入比较浓的淘米水中，浸泡 2~3 个小时。取出菜刀，用干抹布擦干，就能除去菜刀上面的斑斑锈迹。经常这样做，可有效防止生锈，消灭残留的油脂、细菌。

绝招 3

俗话说"磨刀不误砍柴工"，菜刀使用一段时间后，最好磨一磨，这样才更好使。将菜刀放在磨刀石上，一手握住刀柄，一手拿着磨刀石呈顺时针方向来回地磨搓，边磨边浇淘米水。大约 20 分钟后，菜刀就会变得锋利，还可延长使用时间。如果没有磨刀石，也可以将磨石粉撒在切菜板上，菜刀蘸取淘米水，来回磨搓。

每次使用完菜刀后,必须用清洁的抹布擦干上面的水分和污物。最好在表面涂一层食用油,挂在刀架上,这样可以防止菜刀生锈,也能避免菜刀受到其他物品的污染。

NO.6 洗菜板+洗碗筷,清洁消毒二合一

菜板和碗筷等厨房用具用久之后会产生很多污垢,发出一种难闻的异味,即便每天清洗也是如此。为了解决这些问题,Elva 很是用心,她清洗时用过醋、用过盐,虽然用具上的污垢没有了,但异味并不能消除。"用淘米水是不是可以呢?"这个想法突然闯入了 Elva 的大脑。她抱着试一试的想法,结果真的见到了奇效!自此,Elva 又发现了淘米水的一个妙用。

【大家来分享——巧主妇无毒清洁术】

每天都有大量的食物在菜板上被切来切去,菜板在厨房里的重要地位那就不用说了。但是,菜板如何既干净又无毒,你知道吗? 快使用淘米水吧! 清洁、消毒可一并完成。

第一步:将菜板放入热淘米水中,浸泡10分钟左右,充分软化污垢。然后,取出菜板,用清洁布反复擦洗。

第二步:将菜板竖放,用热淘米水从高处反复淋浇菜板。这样不但可以把油渍、污渍清洗得十分干净,还能够起到杀菌消毒的作用。

第三步:将菜板放到阳光下晒干,异味就会彻底消失。

碗筷也是同样的方法,只不过碗筷大多比菜板的味道要重一些,在热淘米水中浸泡时间要久一些,大约需要30分钟才可以看到效果。

建议最好每隔两天将菜板清洗消毒一次,每天将碗筷清洗消毒一次,以更好地保障你和家人的健康。

NO.7 给脏污的烤箱"敷个面膜"吧

"唉,早知道烤箱这么难'伺候',当初我就该买个黑色的,而不是现在这个白色的。"琳琳一边用烤箱做着西点,一边朝 Elva 抱怨。"黑色的烤箱也要清洁呢,依我看,这与烤箱本身颜色没有多大关系,关键是你是否能找到清洁的好方法。"Elva 笑着说。"可用清水或洗涤剂清洗烤箱,一搞不好就可能把发热管洗坏导致漏电,多危险啊。"琳琳显得有些无奈。Elva 轻松一笑:"清洁烤箱的确是个让人头疼的问题,不过用淘米水就可以变难为易了。"

【大家来分享——巧主妇无毒清洁术】

烤箱是做西点最重要的工具了。但烤箱要经过油、火的考验,用过一段时间后,很容易变脏。而清洗烤箱本身又不是一件容易的活,如果不慎用清洗剂弄脏了烤箱表面,那就更难处理了。下面来看一下 Elva 用淘米水清洗烤箱的技巧吧。

1.清洁烤箱的内胆和外壳

用淘米水浸泡抹布,微微拧干,使抹布保持湿润又不滴水,以免影响加热管的绝缘性,发生漏电短路。用抹布直接擦拭烤箱内胆和外壳,污垢很容易就被清除掉了。最后,再用清水冲洗抹布,拧干并干擦两遍。

2.清理烤盘污垢

烤盘是放食品的地方,常会留下很厚的污垢,自然会影响食品质量。每次烤完食品后,Elva 都会将烤盘取出。将淘米水装入喷壶中,并均匀地

喷洒在烤盘上,就像涂上了一层"面膜"。等待10分钟左右,再用硬纸板刮一下,用清水反复冲洗,烤盘就特别干净了。

3.烤网的清洗

将烤网取出,放置在淘米水中,浸泡10分钟左右。用抹布(可尝试用清洁力较强的尼龙布)反复擦拭烤网,细缝部或油污较重处,可用牙刷反复刷洗。最后,再用清水加以冲洗即可。

4.烤箱边角处的清洁

烤箱边角处最不好清洁,不过Elva自有妙招将它轻松解决。在长筷子的尖端绑上抹布,用皮套把抹布固定,做成圆头棒,就像棉签棒一样。用淘米水把圆头微微弄湿,可以用来对付手够不着的烤箱内部边角处的污渍。然后,再用干圆头棒将残留的淘米水擦拭干净。

Elva清洁烤箱的做法是不是让你省心了不少? 你是否有更多关于清洁烤箱的实用小窍门呢? 快快跟大伙分享一下吧!

NO.8　吃干货再也不会硌牙了

Elva的一个朋友来广东旅游时,在Elva的陪同下买了一些地道的广东特产干货,如蘑菇干、墨鱼干、海参干……谁知,朋友回去后说食用那些干货时有种吃沙子的感觉,怀疑是不是找错了卖家,上了当。"不可能吧,那几家都是有名的老店了。"Elva百思不得其解,突然她想了起来,便问朋友:"你是不是用清水洗的干货?""是啊! 怎么了?""我建议你下次用淘米水清洗……"没过几天,Elva接到了朋友的电话:"开始我有些怀疑,但还是照你说的做了。嘿嘿,这次吃干货不再硌牙了。"

【大家来分享——巧主妇无毒清洁术】

干货泛指用风干、晾晒等方法去除了水分的食品。用淘米水泡发干货不仅容易泡涨、清洗干净，而且在烹饪时还很容易煮熟、煮透，能有效地节省家中的燃气能源呢！不过，由于特性不同，各种干货有着不同的泡发方法哦。

1.植物型干货

木耳、干笋、香菇等野生植物型干货上面有很多褶皱，清洗时往往难以彻底清洗干净。此时，可以用足量的淘米水浸泡 15 分钟左右，待其涨发后，摘去杂质、根蒂，再用清水加以冲洗。

干萝卜条、青梗菜、干香菜等脱水蔬菜干货，食用前应放入淘米水中浸泡，并不断冲入新的温水，待盆中水温与冲入水的温度基本一致时，将蔬菜捞出，加以清洗，并沥干水分即可。

注意植物型干货宜用冷淘米水发，以免营养物质的流失。

2.海产品干货

海带、紫菜等切忌用太热的淘米水，否则会使形体破碎，不利于切配、烹调。正确的方法应该是先将海带、紫菜等用足量的淘米水浸泡，待初步回软后，剪去老根，洗涤干净，再换清水浸泡一会儿即可。

将高稠度的淘米水涂抹在墨鱼干、海参干等海鲜干货上，加少量的面粉沿着干货反复揉搓几遍，内脏缝隙处要多洗几下。然后用清水加以清洗，脏物就可以轻松脱落了。

浸泡海鲜干货时，宜用温淘米水，可以去腥去油。所用的器具和水质也要洁净，不能沾油、碱和其他易污染的杂物，以免造成腐烂。

如何科学选购干货呢？ Elva 告诉我们，选购干货时要注意其是否完全干燥、外观完整、色泽自然、质地均匀。若发现干货色泽过于暗淡，表示可能放置过久。若色泽艳丽或有一股酸涩味，则表示非法加入了化工原料，千万别购买。

NO.9 想吃最干净的肉？快找淘米水来帮忙

"你看你洗的这肉，猪皮上还残留着几点黑泥巴，这样怎能让顾客吃得好、吃得放心啊！"严励又对自己的新徒弟嚷起来。听着师傅的训斥，徒弟有些赧颜地站在了一旁。严励端过来一盆白乎乎的水，自己动手了："不要老让我手把手教你，要多用心观察，知道吗？"过了一会儿，严励指着洗得又白又净的肉，对徒弟说："这洗肉啊，用清水可不好洗，用淘米水最好了。这可是我和你嫂子一起找出的好方法呢！你要记住啊！"

【大家来分享——巧主妇无毒清洁术】

从市场上购回的猪肉、羊肉或牛肉等，有时会沾上灰土、细菌，用自来水很难洗净。怎么办呢？可以告诉你，淘米水洗肉更干净。怎么洗呢？这里也有所讲究，两种方法可供你选择。

方法 1

把淘米水盛放在某一容器里，将买回来的肉放在凉或温淘米水中。用手蘸取适量的淘米水，反复清洗肉。将淘米水倒掉，再用清水冲洗，这样就很容易去掉沾在肉上的脏物了。

方法 2

准备两个容器的热淘米水，将买回来的肉放在其中一个容器中，浸泡5~10分钟，将热淘米水倒掉。再将肉放入另一个容器中，同样浸泡5~10分钟，将水倒掉。最后用清水按照一般方式清洗肉即可。

以后买回家的肉就赶紧找淘米水来帮忙吧！这样的清洗方法，可以保证你及家人吃上最干净、最安全的肉哦！

PART 5

热水——轻轻松松告别污垢

　　蒋妍妍家的微波炉、冰箱、拖把、梳子、开瓶器等总是干干净净的,让邻居朋友都很佩服。别人向她讨教秘诀的时候,她会拿起一个暖瓶说:"一壶热水,什么都解决了!"大家以为她在开玩笑,后来才知道,原来蒋妍妍是认真的,她的清洁法宝竟然就是热水!

　　热水有这么厉害的功效? 不要觉得不可思议,你在一杯冷水和一杯热水中分别滴入一滴红墨水,就会发现整杯热水变红的时间要比冷水短许多。这就说明,热水分子运动激烈,去污能力比冷水强。据说,热水是冷水清洁和杀菌效果的 5 倍呢!热水消除污垢更快更干净,保洁效果一级棒哦!

NO.1 清除微波炉油垢？一杯热水足够了

蒋妍妍人长得俊俏,做饭菜也是一个行家里手,特别是她最会用微波炉做各式菜肴了。出于好玩,Wendy看着学做了多次,就是没有蒋妍妍做的好吃、好看。同时,Wendy还发现在蒋妍妍的精心"照顾"下,那个微波炉俨然一个"帅小伙",炉壁明晃晃的还能照出影子,全然不像自己家那个沾满油污的"脏小子"。Wendy询问蒋妍妍是不是使用了什么高级的清洁剂,但得到的回答却是——热水,真令人大跌眼镜。

【大家来分享——巧主妇无毒清洁术】

微波炉在使用过程中,食物常会爆裂、飞溅,导致微波炉壁上沾满油污,还会散发难闻的气味。清洗微波炉时,不少人会将一只手,甚至整只头都塞进去抠啊、擦啊！其实,只要一杯热水,简单几个步骤,就万事OK啦！

第一步:将一杯水放入微波炉中,大火煮沸2~3分钟,让微波炉内产生大量的蒸气,这样可使油垢因饱含水分而变得松软,容易去除。

第二步:拿出杯子,快速用湿海绵或湿抹布反复擦拭炉壁,特别是油污重的地方。缝隙处的油污用海绵或抹布擦拭不干净时,再用牙刷进行刷洗。

第三步:用干净的干抹布将炉壁再擦拭一遍。微波炉清洁完毕了,不过别忘了将炉门打开,使炉内通风并彻底干燥。

怎么样？这种清洗微波炉的方法是不是天然又快速？而你付出的只不过是一杯水，非常实惠，这个妙招够绝吧？

NO.2 蜡笔痕迹难去除，巧用热水清干净

晚上，杜鸿带着女儿欢欢来找蒋妍妍的儿子星星玩耍。杜鸿和蒋妍妍在客厅兴致勃勃地聊天，欢欢和星星则拿着蜡笔在书房画画。趁蒋妍妍去洗手间时，杜鸿走进书房，天！欢欢和星星两人衣服上、杯子上、地板上居然都是五颜六色的蜡笔迹。"你这孩子怎么这么不懂事！"杜鸿一边数落欢欢，一边赶紧用墩布擦拭地板上的蜡笔迹，可擦呀擦，一点都没变干净。这时，蒋妍妍也过来了，她笑笑说："不用担心，星星总是这样，只要用一点热水就可以了。"果然，经蒋妍妍擦拭几下后，蜡笔迹不见了。

【大家来分享——巧主妇无毒清洁术】

蜡笔痕迹是不好处理的，很多时候看到好像擦掉了一点，但还是留下了不少痕迹。不过，巧妙地使用热水，就可以擦得更快捷、更干净了。因为蜡是油性的，热水可以软化它。这就是蒋妍妍所运用的小窍门。

1. 消除地板上的蜡笔迹

把一块抹布放在热水里浸湿，敷在蜡笔迹上约5分钟后再擦拭，很容易就能去除蜡笔迹。如果蜡笔画在两块地板的夹缝里，只要把一枚硬币裹在浸过热水的抹布上，沿着地板的夹缝擦拭就大功告成了！

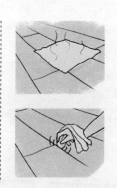

"地板上的蜡笔迹被清除掉了，但杯子和衣服上的怎么办呢？"杜鸿有些担心地问蒋妍妍。"虽然这有些费事，但用热水也可以清洗掉，不信你看。"说完，蒋妍妍又继续动手了。

2.消除衣服上的蜡笔迹

铺上一层吸水性强的卫生纸,将衣服平放在上面,在有蜡笔迹的地方,倒上热水浸泡,揉搓几下。蜡遇热化了,就会变得很容易清洗。如果有必要,可以如此反复几次,效果很不错的。

3.消除杯子上的蜡笔迹

先用纸片或者小刀将杯子表面的蜡笔迹刮掉。然后将杯子放入锅中,用水煮5分钟左右。捞出杯子,用干净的布擦洗一下,就可以彻底消除蜡笔迹,让杯子光洁如新了。

彩色蜡笔是小孩子常用的文具或玩具,常常会不小心画在衣物上面形成蜡笔颜色渍迹。如果你家的宝贝也是一个彩色蜡笔的拥有者,以上的清洁方法很有必要学习一下哦!

NO.3 食物煮焦了,锅底焦垢咋办

"妍妍,我该怎么办?"蒋妍妍一拿起电话,就听到了 Wendy 的求救声,"快帮帮我,我该怎么办?"Wendy 一周前刚当新娘,蒋妍妍赶紧问道:"发生什么事情了?""我……我今天煮饭时不小心把饭煮焦了,锅底留下了一大片焦垢。"Wendy 有些气急败坏地继续说道,"要是婆婆知道了这件事情,她一定会笑话我的,你快点帮我出出主意,怎样将焦垢除掉?""这……你让我想想办法。嘿!有了!"蒋妍妍打出了一个响指。

【大家来分享——巧主妇无毒清洁术】

煮焦食物时,锅子底部总会留下一堆厚厚的焦垢,而且任凭怎么拼命刷洗也不能弄干净,像这种情况应该如何处理呢?看一看蒋妍妍是如何给 Wendy "指点迷津"的吧!

第一步:准备一个刮板或汤勺,沿着锅边,逐步将焦垢刮除干净。刮时力度要轻缓,以免在锅底留下刮痕。

第二步:将清水注入锅中,水量没过锅底焦垢就可以了。加热,煮沸10分钟,锅中的焦垢就会慢慢浮起来。

第三步:关火,静置,让锅底继续浸泡在热水中。

第四步:待水稍凉后,用抹布轻轻刷洗锅底。几分钟后,就可以消除焦垢。用清水一冲洗,锅底就变干净啦。

如此用热水加温浸泡的方法,不管锅底烧焦的部位有多大、多厚,都能很快地刷洗干净,让锅底光亮如新!

NO.4 去败冰箱干硬污垢? 小 Case

"来看,妍妍。冰箱里面有好多吃的,你想吃什么?""铁哥们"蔡永拉开了自己家的冰箱。蒋妍妍一看,还真有不少好吃的,不过细心的她也发现了冰箱左侧有一核桃般大的污垢:"这是什么?""甭管它。"蔡永无奈地摇摇头,说道,"嗨,那是前段时间不小心洒上的菜渍,因要赶着上班就没来得及擦。谁知,出了三四天差回来后就再也清理不掉了。"不过,蒋妍妍可不是那么容易"认输"的人,她下决心要让冰箱彻底变干净,短短10分钟后,蔡永就找不到那片污垢了。

【大家来分享——巧主妇无毒清洁术】

不小心打翻冰箱里的食物,且来不及或忘记了清理,结果时间久了就容易变成干硬的污垢。这类干硬污渍很不好处理,直接刷洗也会刮伤冰箱,那么应该怎么办呢? 蒋妍妍使用的是——热敷法。

方法 1

将抹布浸泡在热水中 2~3 分钟,使抹布充分接触热水。关掉冰箱电源,取出抹布,将其覆盖在冰箱干硬的污垢处。5 分钟左右后,污垢就会在热水的浸泡下软化。用抹布反复擦拭几遍,就可以清理干净了。

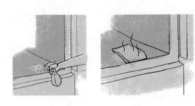

方法 2

想到蔡永是一个比较慵懒的家伙,蒋妍妍又给他提供了一种清洗方法。方法很简单,而且适合面积较大的干硬污垢处理。

将适量的热水装入喷壶中,均匀地喷洒在冰箱干硬的污垢上,污垢硬的地方可以适当地多喷洒些热水。将抹布敷在污垢上,大约 3 分钟后,用抹布慢慢地擦拭,直到将污垢擦尽为止。如果污垢仍难消除,可用牙刷进行刷洗。

清理完冰箱上的干硬污垢后,要用干净的干抹布擦拭一下,这样可以防止冰箱内起冰霜,保护制冷功能。同时,平时放进冰箱的东西包装外也不要有水,热食要待凉后再放入。

NO.5 梳子脏了?有热水就不怕

蒋妍妍的好友萌萌是一个特别爱时尚的漂亮女孩,她的发型经常变化,从直发到卷发,从长发到中短发,总之只要流行什么发型她准跟着换。萌萌过生日时,蒋妍妍送给她一个精致的梳子礼品盒,里面有宽齿梳、密齿梳、圆筒梳、角梳等。这可乐坏了萌萌,不过萌萌"揭短"说自己头发属于油性,而且自己又很懒惰,清洗这么多梳子真累人。凭着自己多年摸索的"经验",蒋妍妍决定附送萌萌一个轻松清洁梳子的好方法。

【大家来分享——巧主妇无毒清洁术】

相信很多人都有体会:当梳子用了一段时间之后,上面会附着一层看上去和摸上去都很恶心的油垢状物体,而这层油垢又是相当难以清洗的。蒋妍妍有什么好方法可迅速去除这些污垢呢?

第一步:用棉签、细棍均可,将梳子上的头发清理掉(平时每次梳完头就应将卡在梳子上的发丝清理掉)。

第二步:在容器里装入热水,将梳子浸泡其中,静置1小时。此时,梳子上的污垢已经被软化,可用牙刷直接刷洗污垢处。

第三步:梳齿的根部常是污垢堆积的地方,我们可以将绳线、毛线或是尼龙线套在梳齿上,然后用手拉住线的两端,让线在梳齿的缝隙间滑来滑去,一会儿之后,污垢就会黏附在线上。

清洗梳子时,要尽量让梳子继续留在热水中,清洁效果会更佳。最后,用热水加以清洗,梳子就会干干净净了!

> 如果同时清洗两把梳子的话,用热水浸泡后可以直接让它们互相刷洗,很快就可以让梳子上的油污消失不见哦!

NO.6 给你家的拖把消消毒吧

"啧啧,你们家居然用一次性的拖把呀,真是有钱哪!"在同事小璐家时,蒋妍妍这样说道。小璐摆摆手,赶忙解释:"妍妍,你就别取笑我了,我也不想这样奢侈呀,但拖把的清洗消毒真是麻烦。即使我每天用臭氧灯杀菌,拖把总还会散发异味。""那你平时是怎么清洗拖把的?"妍妍问道。小璐脱口而出:"当然是用自来水呀!"妍妍准备卖一个关子:"哦!那为什么我家的拖把没有异味呢?"小璐愣了一下,笑着给了妍妍一拳:"我怎么知道,你就甭和我卖关子了,我很乐意跟你学习一下哦!"

【大家来分享——巧主妇无毒清洁术】

拖把早已进入千家万户,清洗拖把是一项又脏又累的工作,并且不容易将感染病毒和细菌清洗掉,严重威胁家庭主妇们的身体健康。用一次性拖把,消耗又太大了。怎么办呢?快让热水来给拖把消消毒吧!

1.清洗拖把的布条

在器皿中准备适量的热水。先用清水冲洗一下拖把,将拖把布条上的污垢冲洗干净再将拖把布条全部浸泡在热水中,15~30分钟即可。如有必要可揉搓几遍拖把布条,取出拧干。

2.清洗拖把的把手

拖把的把手与手经常性接触,很容易沾上污垢、手垢,成为菌群的"温床",用什么方法对其消毒呢?蒋妍妍告诉小璐自己是这样做的:

把抹布在热水中浸泡1~2分钟,取出,微微拧干。将抹布覆盖在拖把把手上,从上往下轻轻地擦拭。擦拭过程中,要再将抹布用热水浸泡,使抹布保持较高的温度。最后,再用干净的抹布擦干。

以前清洁完毕拖把后,蒋妍妍习惯直接将拖把放入角落处。后来,知道这种方法是错误的之后,她开始将拖把倒放在通风处,最好有阳光照射,让其自然晾干。因为时常保持拖把干燥,是避免滋生细菌的有效方法。

只不过是使用了一些热水,拖把洁净度却大大地高于我们惯用的清水清洗拖把的方式。该方法如此简单轻松,无论男女老少都可以做到哦!

NO.7 开瓶器上油花花,快拿热水擦一擦

蒋妍妍的老爸很爱喝酒,家里自然少不了开瓶器。不过,和别人家发油、发腻的开瓶器不同的是,蒋妍妍家的特别干净,尽管用了三四年了,依然是锃亮锃亮的。谈起清洗开瓶器的"秘诀",蒋爸爸说:"没有什么特别的,就是经常用热水擦拭而已,这个方法还是妍妍告诉我的。"

【大家来分享——巧主妇无毒清洁术】

开瓶器虽小,但生活中到处都缺少不了它的身影。开瓶器经常存放在厨房,老是油腻腻的,不仅脏还容易滋生细菌,有没有清洁的好方法? 下面,我们就和蒋妍妍学习一下吧。

第一步:将适量的热水倒入容器中,放入开瓶器。要保证开瓶器全部浸泡在热水中,浸泡10分钟左右。

第二步:取出开瓶器,用抹布将开瓶器擦拭一遍。如果有尚未清理的死角,可用牙刷反复进行刷洗,直到油污被除去为止。

第三步:用清水加以冲洗,再用干抹布擦干,就可以存放起来了。

瞧! 只用热水就可以将开瓶器洗得干干净净。外表光光亮亮的开瓶器,肯定可以让你在朋友面前炫耀一番的。

PART 6

茶叶——不只是天然的饮用良品

Maggie 是一个电台 DJ，她时常喜欢跟朋友说，茶叶可真是一个"神奇"的宝贝，即便是残茶你都不要丢弃，因为在家居清洁中它有一些我们意想不到的功效。去除卫生间臭气、清除霉渍锈斑、巧将家具以旧变新等等，她说的是真的吗？

没错，茶叶具有极强的吸附作用，它可以用来吸异味，我们常喝的茉莉茶，就是利用这一原理加工而成的。所以，Maggie 把茶叶放置在有异味的空间里，自然就能让茶叶发挥出它的威力了！如果你过去不了解茶叶的这些妙用，就快来看看 Maggie 是怎么做的吧！

NO.1 相信吗？电话爱与茶叶亲密接触

"我家的电话脏了,用清水洗不干净,而用清洁剂又会造成机体故障,怎么办呢?你们能帮助我吗?"浏览电台网页的听众留言时,一个这样的帖子闯入了Maggie的眼中,也引起了她的思考。一向喜欢追根究底的Maggie开始了漫长的实践,她试用了盐、醋、热水等清洗法,效果均不明显,直到试用茶叶。后来,Maggie将这一发现告诉了发帖人,并在节目中与听众们做了分享。

【大家来分享——巧主妇无毒清洁术】

电话因为经常要使用,所以留下了许多手垢、灰尘等污渍,还散发出臭臭的味道。怎样避免这些问题的出现呢?有没有比较好用的电话机清洁方法?快来听听Maggie的茶叶清洗法吧!

1.清除电话主机污渍

电话键上有许多小缝隙,清洗主机时水渍很容易就会流入。怎么办呢? Maggie先找来了一块干毛巾,将电话键盘覆盖了起来。然后,她将喝剩的茶叶水放在一个喷壶里,均匀地喷在了毛巾上。最后,用抹布轻轻地擦拭了几下,污渍就不见了。

2.去除话筒异味

细长细长的话筒应该怎么清洁呢?你不妨制作一个茶叶包。将喝剩的茶叶沥干,用一块干净的布包上,手指攥住开口处,这样就做出了一个简易的茶叶包。手拿茶

叶包,直接沿着话筒进行擦拭,最后用干布擦净即可。来电显示屏的清洁,也可以用这样的方法。

3.电话细缝处的除垢

电话细缝处最容易聚集灰尘,要如何清洁才会彻底干净呢?你可先准备些茶叶水,用棉签蘸取少量的茶叶水,挤去多余水分,轻轻擦拭几遍细缝,就能轻松地除垢啦!

要想让电话干干净净,打得健康,说得开心,那就让你的电话和茶叶经常接触接触吧!

NO.2 榻榻米床脏了,快用残茶洗一洗

一到夏季,老公李涟晚上睡觉就特爱出汗,有时早上也会在汗流浃背中醒来。为此,Maggie给家里新添了一个榻榻米床,李涟睡得比以前香多了。使用了几天后,Maggie用肥皂将榻榻米床清洁了一番,干净是干净了,却发现它没有清洗前"好看"了。Maggie赶紧在节目资料库中查了查,这才知道用肥皂或洗衣粉清洗榻榻米床会致变色,茶叶才是清洁首选。

【大家来分享——巧主妇无毒清洁术】

因平坦光滑、草质柔韧、透气性好等特点,榻榻米床在夏天非常受欢迎。但打扫榻榻米床却是一件很讲究的事情。如果清洗不当,它就会色泽变暗、质地变硬。那么,要怎么做才能既将榻榻米床清洁干净,又能延长使用寿命呢。下面的方法不错哟!

第一步:用吸尘器将榻榻米床上的头发、皮屑等吸干净。

第二步:将喝剩的茶叶(半潮湿为宜),均匀地撒在榻榻米床

上，稍等片刻。同时，再将一块干净的毛巾用清温水浸透，然后拧干。

第三步：用毛巾包着茶叶按榻榻米床的纤维走向轻轻擦拭，再沿着榻榻米的包边擦拭一下。

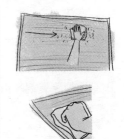

第四步：用半湿的毛巾轻轻擦一遍，直到擦净为止。即可消除汗味，清除灰尘，使它光滑如镜。

最后，将榻榻米床放在背阳、通风处，充分干燥。如果是夏天，可以用电风扇将其吹干。记住切勿将榻榻米床放在烈日下暴晒，以免损坏质地，大大减少使用寿命。

夏季人体容易出汗，皮屑和灰尘等容易浸入榻榻米床的缝隙中，加上天气潮湿，很可能导致螨虫的滋生和繁殖。在使用榻榻米床的过程中，每隔一个星期，就应该用茶水清洗一次。躺在上面，柔软细滑、清凉舒适，必会使人神清气爽、悠然入梦。

NO.3 别让卫生间臭气给你家"丢分"

走进Maggie家的卫生间，绝对闻不到一丝的臭味，反而隐约有一股淡淡的清香。而Maggie说自己一次也没有用过清洁剂之类的东西。对此，好友王庭百思不得其解，自己每天打扫三四遍卫生间，还在卫生间种植物、洒香水，为什么对于卫生间恶臭都无济于事呢。Maggie笑着说："卫生间的除臭虽然很难，但也不是没办法，用我们的文化精粹——茶叶即可解决。"

【大家来分享——巧主妇无毒清洁术】

每家每户估计都在为卫生间时不时飘出的臭味而烦恼！恐怕大多数主妇都有过这样的梦想：让卫生间飘出的不是臭味而是沁人心脾的香味！现在，就让Maggie帮你实

现愿望吧!

方法 1

将喝剩的残茶叶沥干水分,在卫生间燃烧熏烟,可除去令人掩鼻的臭味,还茶香飘溢。这可比专用的除臭剂环保多了。

方法 2

把喝剩下的茶叶留起来,放在通风处晾干。将晾干后的茶叶放入纱布袋或布袋中,用橡筋或丝带将袋扎好,做成"茶叶香包",将之放进卫生间,放置一两天后即可除去异味。

方法 3

利用湿茶叶清扫地面,没听说过吧!将微湿的茶叶撒在卫生间地板上,擦拭地板,再用扫帚清扫,用簸箕撮走。茶叶能带走尘土,让地面恢复干净,还可顺便除臭。

很多人的一天都是从卫生间开始的,卫生间的气味是至关重要的。拥有一个干燥清爽、芳香四溢的卫生间可以让你在清晨就收获一个好心情,而且还会让朋友给予你家一个很高的"印象分"哦!

NO.4 用茶叶洗毛织品,你听说过吗

"你把什么玩意倒在毛衫上了?"李涟一来到洗手间就惊呼道。Maggie 瞥了他一眼,继续揉搓毛衣:"干吗大惊小怪的,这是茶叶!"李涟更不解了:"什么? 茶叶?! 你怎么不用洗衣粉洗?"Maggie 停下手来,解释道:"洗衣粉不能彻底洗净毛衣!而且,上

次还把你那件新买的羊毛衫洗变形了。""那为什么要用茶叶洗呢？"李涟又问道。"哎呀，你是不是就认识数字啊？"Maggie对这个数学教授哭笑不得，"用茶叶洗毛衫不就不易变形了嘛！这是上次节目中提到的妙方，我要是早点知道就好了。"

【大家来分享——巧主妇无毒清洁术】

大家有没有这种经历：新买的毛衫、毛裤等毛织品，只洗了一次就变形了。不是又长又瘦，就是又短又厚。穿没法穿，扔又舍不得。真是气人！有什么方法可以避免吗？在这里，Maggie就把自己清洗毛织品的经验奉献给大家。

第一步：用茶叶水浸泡

毛衫放入洗衣盆中，倒入不超过30℃水温的茶叶水。轻轻按压毛衫，让其完全浸泡在茶叶水中。5~10分钟后，茶叶水就可以均匀地渗透进毛衫的组织里了。

"毛织品要尽量在不使用含碱清洁物的前提下手洗！"Maggie说，"因为毛织品本身是弯曲、柔软的，它不能忍受洗衣机强大的水流所造成的纠缠，而且，肥皂、洗衣粉等含碱清洁物有腐蚀性，很容易导致毛织品变形。"

第二步：用茶叶水清洗

蘸取适量的茶叶水，从上到下依次按压、抓搓毛衫，注意要轻拿轻放。领口、袖口等较脏处可撒上几片茶叶，并且多挤压几次。这样洗出的毛衫才干净、漂亮。毛裤的清洗，则要多注意裤腰、裤腿处。

最后，Maggie用清水将毛衫冲洗干净后，并没有直接晾晒。而是将毛衫平铺在避光处的一块棉布上，用手开始按压水分。然后，又将毛衫拍平整至原来的形状。如此的晾晒方法，可以使毛衫自然干燥后，和洗前一样平整、蓬松又不变形。

很多人以为毛织品干洗最好，其实不然。谁能保证，你的衣服不和皮肤病人的一起洗呢？以上的茶水清洗法，保证你洗的毛织品和干洗的没两样，更重要的是，你再也不用担心干洗时的卫生问题了。

NO.5 啧啧，茶叶居然让旧家具换了新颜

下班刚回到家，Maggie 就接到了舅舅的电话："Maggie 啊，你常常在电台上给听众们解决各种难题，今天你也要帮帮舅舅呀！"Maggie 笑着回答："舅舅，瞧您说的，您有什么事情尽管说！""是这样的，我前年买了一套木制家具，现在上面有了很多黑糊糊的脏东西，怎么擦也擦不下来。看起来，跟用了五六年似的。你说应该怎么办呢？"舅舅说完还深深地叹了一口气。Maggie 认真地说："舅舅您甭着急，用茶叶清洗就可以了，这问题我以前遇到过，包您管用。"

【大家来分享——巧主妇无毒清洁术】

俗话说："岁月易逝，容颜易老。"长时间使用的木制家具，总让人觉得颜色暗淡，跟沾了多少尘土似的，而且脏点怎么擦也擦不下来。其实，要想让家具旧貌换新颜，像Maggie 一样使用茶叶就可以了。

1. 浸茶抹布擦拭法

每次清洗家具时，Maggie 都会将一块干净的抹布放在喝剩的茶叶水里泡一泡。然后，用浸了茶水的抹布，在木制家具脏的地方来回地擦拭。不一会儿，脏东西就没有了，一点也不费事。

2. 茶叶渣直接擦拭法

喝剩的茶叶渣也可以拿来清洁木质家具。将茶叶渣沥干，装在抹布或纱布里，扎上口，便可直接用来擦拭木质家具。若没有太多时间清洁时，Maggie 会直接用手攥一把隔夜的茶叶渣擦拭家具。擦完之后，家具就会变得光洁明亮。

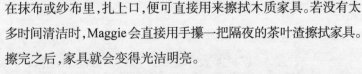

不过，别以为 Maggie 做到这里就算清洁完毕了哦！要记得，用蘸有清水的微湿抹布再擦拭一遍家具。因为茶叶水中有茶渍，若茶渍残留在家具表面，就会影响家具原有的色泽度。

如此清洁一番之后,你是不是明显地感到原来暗淡色泽的旧家具已经恢复如初,甚至变得特别光洁明亮了呢?

NO.6　想为他做一双茶叶鞋垫

在节目短信平台上,Maggie 认识了一个善良、腼腆的高中男生。经过长期的了解,男孩向 Maggie 吐露了心声:因为脚汗的原因自己曾被舍友取笑过多次,一到宿舍别人就说有脚汗味,令自己很尴尬又自卑,但不知道怎么办。热心的 Maggie 想帮助这个男孩,可有什么既简单又有效的方法呢?对了,为他做一双茶叶鞋垫吧!没有了脚汗味,想必他自然也就自信起来了。

【大家来分享——巧主妇无毒清洁术】

有脚汗的人,穿了一整天的鞋和袜子上的异味会很明显,不仅常常令人尴尬,而且有些人还会为此背上包袱,产生自卑感。这时候,用残茶做一双鞋垫,就可以保持鞋内干爽,远离脚汗味,让烦恼消失啦!

第一步:根据鞋的尺寸,把一块细密而结实的布剪成四片鞋样。两片对放,一头用线缝起,一头不缝,做成两个鞋形的口袋状。

第二步:将事先晒干了的茶叶均匀地装进鞋垫坯,注意两个鞋垫坯的茶叶数量要适量,而且要装得差不多。

第三步:把原来空着的一头缝好,轻轻拍平鞋垫,使茶叶均匀分布。再在鞋垫中间仔细地缝几条横的、竖的直线。这样可防止鞋垫用久后,压碎的茶叶四处乱"跑",导致鞋垫凹凸不平。

这样,残茶鞋垫大体上就做成啦!当然,如果想将鞋垫做得精细、美观,也可以在这个基础上发挥想象力,进行一番"深加工"。Maggie 就在两个鞋垫上分别绣了几枝桃花,意为"吉祥如意、幸福安康"。

茶叶鞋垫要勤晾晒,这样不但可以轻松除去鞋袜和足部的异味,还有助于增强茶的香味,让你的足部散发一股淡淡的香气呢!

NO.7 铁锅霉味难去除？何不用茶叶试试

"我们知道,铁锅使用时间长了容易生霉,怎么办呢？"这是 Maggie 在一期节目中提出的竞答问题。有人提出用盐清洗铁锅,可立刻就有人反对:盐只能除油腻,对霉味没有作用。有人建议用醋浸泡,但醋又易腐蚀铁,也不可行。后来,一个姓徐的女士,介绍了自己清洁铁锅的妙招。她说,喝剩的茶叶千万不要浪费,这才是去除铁锅霉味的好东西。当然,这个答案也是 Maggie 一直在等待的。

【大家来分享——巧主妇无毒清洁术】

家庭主妇们是不是都有这样的苦恼:铁锅使用一段时间后,容易产生一股霉味,而且怎么刷洗都不管用,炒菜的味道也大打折扣。如何才能消除铁锅的霉味,重返洁净呢？不妨试试茶叶,也许能给你带来意外的惊喜。

1.茶叶水烘干铁锅法

铁锅使用一段时间后,Maggie 就会在清洗完锅之后,做一做防霉工作。她是怎么做的呢？在锅中放一些茶叶和少量的清水,开火逐渐加温。加温过程中,Maggie 会用硬刷子轻轻地刷洗锅面。铁锅内的水被烘干后,在锅的内壁涂抹上一些薄薄的色拉油,便可去除霉斑现象并预防发霉。

2.茶叶包擦拭铁锅法

受潮后,铁锅很容易出现霉斑点,很难去除。你可用装有茶叶渣的纱布包在铁锅的表面多擦拭几遍,然后用清水加以冲洗,再用干净的抹布将铁锅擦拭干净就可以了。

　　如此处理后，如果铁锅暂时不使用的话，Maggie还会在锅里放上几个干燥的茶包。这样不论铁锅放多久，都不会发霉啦。

　　　　如果你发现家里的铁锅开始出现黑渣，并且在反复刷洗后，还是能在炒菜中发现它的"踪迹"，就要赶快把锅换掉。这些黑渣是高温后产生的铁的氧化物质，会对人体造成潜在危害。

PART 7

食醋——你的生活从此"无毒无忧"

陆露家的卫生间里,经常放着一瓶醋。很多朋友对此感到不解:醋应该是在厨房才对,怎么放到卫生间里来了?陆露却说,家里的储物柜里,一定要有一瓶多用途清洁剂——醋!

别怀疑你的耳朵,你没听错,醋真的是一种天然的清洁剂。醋的主要成分是醋酸以及有机酸,它可以溶解很多油性污垢,中和一些碱性污垢,还能防霉、去除异味,有效地抑制霉菌滋生……总之,醋在家中各处的清洁都表现不俗。

可能你从前不知道醋的妙用,现在跟着我们的"醋娘"陆露试一试用醋来清洁家居,它的功效绝对出乎你的意料!

NO.1 水垢很顽固,试过用醋软化吗

　　为了免去烧水的麻烦,让父母随时都能喝上热乎乎的水,陆露给一直住在乡下的父母寄回去一台饮水机。约两个月后,父母前来看望陆露,母亲指着厨房里的饮水机问陆露:"咱家的那台饮水机都长了一层水垢,怎么洗都洗不掉,这个咋这么干净?"陆露这才想起来,自己一直尚未将清洁饮水机的"秘籍"告诉母亲呢!

【大家来分享——巧主妇无毒清洁术】

　　家家都少不了饮水机、水壶、暖瓶等,但它们使用一段时间后,往往会形成讨厌的水垢。水垢若不能得到及时的处理,会变得坚硬难除,对健康非常不利。在这里,陆露向母亲推荐了"醋除水垢"的方法,简便易行。

　　1.去除饮水机水垢

　　饮水机中加入适量水,将几勺醋放入饮水机中,烧沸,等待10分钟左右。将醋水以正常出水的方式放出,再用清水加以冲洗即可。即使是已积满了水垢的饮水机,用以上方法煮1~2次后,不仅会使原来的水垢逐渐脱落,而且还能起到防止再积水垢的作用。

　　如此清洗了一番后,看着洁净如新的饮水机,母亲感慨着:"这办法真不错!"陆露决定乘胜追击、举一反三,将水壶水垢、暖水瓶水垢的处理经验,统统告诉了母亲。

　　2.去除水壶水垢

　　将空水壶放在炉上,烧干水壶中的水分。直至壶底有裂纹或发出"嘭、嘭"响声时,

将水壶取下,迅速注入凉醋,醋至少要淹没水壶底。用抹布包上提手和壶嘴,两手握住,将烧干的水壶迅速坐在冷水盆中。如此重复2~3次,壶底水垢就会自动脱落了。

3.去除暖水瓶水垢

将醋和水按照1∶10的比例配制成醋水,将醋水灌入暖水瓶内,加热。煮沸后拔掉插头,静置12个小时,并不时地上下晃动暖水瓶,水垢会自行脱落。最后,用清水彻底冲洗暖水瓶即可。

没有了水垢困扰,喝水就更放心了！如此简单的清洁妙招,再懒的人也可以做到哦！快点行动起来吧！

NO.2 让恼人的汗渍消失在醋中

孙淼太爱出汗了,天气湿热时,他的衣服上总有一股汗味。换下衣服之后,常常会在背后或腋下发现恼人的汗渍,每天用洗衣机洗也去除不了。不过,自从他娶了陆露之后,这个问题就不再是问题了,衣服上不仅没有汗味了,汗渍也不见了！"要想洗掉汗味和汗渍可不需要埋头苦干,利用醋就完全搞定了。"谈起自己的窍门时,陆露这样说道。

【大家来分享——巧主妇无毒清洁术】

汗味和汗渍是由汗水里的细菌引起的,冷水洗不掉,热水洗完了又会掉色。该怎么办呢？这时候,具有杀菌功效的食醋就能帮上你的大忙啦！它可以快速解决这个烦恼。

方法 1

当孙淼衣服上的汗渍不太明显时，陆露会先按照常规方法将衣服清洗一下，并漂洗干净。然后，在衣服的汗渍处滴上少许的醋，再轻轻揉搓。醋具有消毒杀菌的作用，可有效去除汗味。最后，用清水冲洗，晾晒即可。

方法 2

如果汗渍很明显或很多的时候，第一种清洗方法不易将汗渍处理干净。这时，陆露又会怎么做呢？

在清水里加入数滴醋，最好是调制成5%的醋水，再把有汗渍的衣服放进去，完全浸没在醋水里，浸泡1小时，然后不断地搓洗，再用清水漂净。用这种方法清洗衣服，不仅可有效去掉汗味，而且衣服不会发黄。

记住要将衣服放在阳光下暴晒，晒透。这样有利于余酸和汗渍"继续作战"，出汗时衣服不易产生汗味，让你的个人形象不"打折"。

NO.3 对付"惹事"的淋浴喷头，有醋就 OK

每天下班回到家，李美美做的第一件事就是淋浴。但时间一长，李美美发觉洗澡后的皮肤又干又痒、全身难受，去医院检查又排除了皮肤病的可能。这天，郁闷的李美美将此事告诉了好友陆露。陆露走进李美美的浴室，盯着淋浴喷头看了半天，说道："美美，你家的淋浴喷头好多黄色斑迹啊，出水也不太通畅了吧？"美美有些惊讶地问："你怎么知道？"陆露笑着说："你家的喷头早该清洗了，快拿些醋来，让我来帮你吧……"

【大家来分享——巧主妇无毒清洁术】

很多人不知道这样一个常识：淋浴喷头用久后，水中的细菌、病菌会以黏稠的生物

膜形式附着在喷头上,生成黄褐色斑迹,导致出水不畅。更令人担忧的是,淋浴时,它们会随水流到人体上,引起皮肤不适。要想解决这些问题,你就需要找醋来帮忙啦!

1. 让喷头恢复白色

为了让长满"黄斑"的淋浴喷头变干净,陆露将1/4袋醋倒入热水中,配制成了醋水。接着,她将一条干净的毛巾在醋水中浸泡了几分钟,并用毛巾包裹住了喷头。静置半小时后,用毛巾一擦拭,喷头就变白了。

2. 巧除喷头水垢

当喷头流水不畅时,可在晚上淋浴后,取一个小盆,加一半凉水,倒入半袋醋,把喷头卸下来浸泡。第二天早晨取出,将喷头用清水洗干净后,就可以正常使用了。如果时间紧迫,也可把喷头浸泡10分钟左右,再用粗针在孔里转一转,把水阀打开水垢就会流出来,水流也会很畅通。

3. 网罩的清洗

清洗完喷头后,陆露拧开了喷头盖子,告诉李美美:"不要忽略了网罩的清洗哦,这样可以保证彻底清除喷头里面的细菌、病菌。"只见她用毛刷蘸取了一些醋,仔细地擦拭了几下网罩,再用清水一冲,网罩也干净了。

结束了忙碌的一天,晚上回家洗个舒舒服服的温水澡吧。淋浴喷头干干净净,那就更完美、安全啦!记得要经常清洁哦,这样以后你就可以一直放心、尽情地享受啦!

NO.4 为什么她家的砧板那么白

"妈妈,咱们家的砧板怎么看起来像长了霉,脏脏的?"瑶瑶看着砧板对正在切菜的薇薇问道。"是啊,砧板用久了都这样,即使经常清洗也没有用的。"薇薇无奈地说道。"那为什么陆露小姨家的砧板那么白呀?昨天小姨给我切西瓜时,我看到她家的砧板比咱家的不知白多少倍呢!"瑶瑶歪着头问道,"小姨告诉我她没用清洁剂,只是用醋而已,醋真的能让砧板变白吗?"薇薇摇了摇头:"我也不知道,咱们打电话问问小姨吧。""丁零零……"陆露拿起了电话……

【大家来分享——巧主妇无毒清洁术】

家里用的砧板虽然经常清洗,但用久了还是会变得脏兮兮的,尤其是砧板上的切痕处更容易成为藏污纳垢之所。这时候,用清水和洗涤剂的清洁效果都不够理想。遇到这个问题时,为什么不跟"醋娘"陆露"取取经"呢?

1. 牙刷清洗法

这是最简单的清洁方法。将食醋与水以 1:1 的比例混合成醋水。用牙刷蘸取醋水擦拭砧板黑黑的脏污处和凹陷处,如此重复刷洗三四遍,再用热水彻底清洗砧板。将砧板置于通风处,自然风干,就完成了美白、除菌过程。

2. 保鲜膜密封法

将食醋倒在锅中,加水,加温至沸腾。待醋液稍微冷却后,将其均匀地倒在砧板上,然后用保鲜膜包住密封。静置 15 分钟,然后用热水进行清洗,再以干抹布擦干即可。

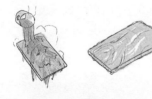

3. 抹布浸润法

先把砧板晒干,其目的是让案板更好地吸水。将醋与水按照 1:1 比例调配成醋水,用干净的抹布覆盖住砧板。将醋水缓慢而均匀地倒至抹布上,静置 1~2 个小时后,用清水漂洗砧板,再晒干即可。

你家的砧板看起来像长了霉,脏脏的吗?这样怎么放心把食物放在上面切呢?赶快用醋来清洁吧。虽然醋对砧板有一定的腐蚀性,但清洁、杀菌效果更显著!

NO.5 要消除室内烟味? 找醋来帮忙

陆露夫妇和公婆同住,每个周末,姐姐和姐夫都要过来看望老人。姐夫特别能抽烟,经常弄得屋里乌烟瘴气。以前姐夫走后,陆露总会既恼火又无奈地打开窗户透气,烟味还是好长时间散不去。不过,现在陆露再也不惧怕室内烟味了。因为她找到了用醋去除烟味的好方法,即刻令腾腾的烟雾快速消散!

【大家来分享——巧主妇无毒清洁术】

人人拒抽"二手烟",但有时候还是有烟味在客厅、卧室、办公室等飘荡,如果不能开窗通风的话,就更令人头疼了。这时候,你不妨试一试陆露的方法,屋里的烟雾就不会那么嚣张了。不过能不能行,咱还是看了再说。

方法1

在清水中加入几瓶盖的醋,然后将毛巾在醋水中浸湿,绞成半干,在室内挥舞数下。有时候,陆露会觉得拿个毛巾在房间里扇来扇去的挺麻烦,她便会将醋毛巾直接静放在一个瓷盘内,放在墙角处。这样随着醋的自然挥发,不久烟味就会在房间消失了。

方法2

将食醋和水按照1:3的比例配制成醋水,将稀释后的醋水装在喷雾器中,四处喷洒在房间里,即可消除烟味。当然,如果你觉得醋味有些浓烈的话,可以适当

88

地将醋水的浓度降低。

方法 3

寒冷的秋冬季节,陆露会用煮醋的方法消除室内的烟味。将一个小锅放在室内最低处,加入适量的食醋(至少要淹没锅底)和少许水,煮沸 15 分钟。这个方法不仅可令烟味消散,而且还能起到有效地预防流感等上呼吸道疾病的作用,可谓一举两得!

也许你要问了:"为什么醋能去除屋子里的烟味呢?"这是因为香烟中的尼古丁是碱性的,醋是酸性的,醋和尼古丁一"碰头",就发生了酸碱中和反应,屋里的烟味自然也就去除了。

NO.6 我的银戒指旧了,不亮了

"哎呀,气死我了。"薇薇一见陆露就大吐苦水,"前段时间,你姐夫送我的银戒指不亮了,我用洗银水清洗了一番,结果戒指居然越洗越黄了,这可怎么办呀?"陆露信誓旦旦地说:"甭着急,把戒指交给我处理吧,明天还你。""你?你能行吗?"薇薇很是怀疑,但还是把戒指递给了陆露。第二天,薇薇见到戒指后,又惊又喜:"这真的是我那个吗?真亮啊!你是怎么弄的?"

【大家来分享——巧主妇无毒清洁术】

银饰品色泽光鲜、款式别致、工艺精美,而且价格低廉,已经成为年轻人的首饰新宠。但令人苦恼的是,银饰品佩戴一段时间后极易变黄或变黑并失去光泽。不过,我们只需在醋上花点心思,就可以让所佩戴的银饰历久如新了。

1.醋液擦拭法

如果发现银制品有颜色变暗或生锈的迹象,最简单的方法就是使用干净的拭银布

蘸取少量醋,反复地擦拭其表面,如此就能除去黑色氧化物。为了增强清洗的效果,陆露还将蘸醋的拭银布放在银制品的黑斑上捂住20~30分钟。最后,用清水加以清洗,再擦干水分后,银饰品就可以恢复到原来的靓丽了。

2.醋水蒸煮法

把醋和水按照1:10的比例调制成醋水,倒在一个小锅中。将所佩戴的银饰品放入小锅,加热(醋溶液一定要沸腾)。取出银饰品,以软刷(如牙刷)蘸上醋轻轻刷洗。用干布再擦拭一遍,银饰品即可亮丽如新。

虽然用醋可以简单轻松地消除银制品表面的氧化物,但是最好的护养方式莫过于做好日常的一般保养了。只有这样,才能避免银饰再次变黑或生锈,延长宝贝饰品的光亮期。

NO.7 如何给木制家具"疗伤"

虽然陆露家的木制家具已经用了五六年,但仍然保持着光鲜的模样,就跟新买的一样。"这些家具都是我当初精心挑选的,我还打算用它们个五六十年呢,到时候它们没准还和新的一样呢。"陆露总是这样说。当然,这可不是陆露夸口,因为她懂得保养木制家具的小窍门。

【大家来分享——巧主妇无毒清洁术】

木制家具很"娇气",不小心就会沾上手印、油污、油墨等污渍,打理又非常费时,看起来就会"很受伤"。如果你还困惑于如何做好木制家具的保养,现在就告诉你——用醋!醋是木制家具极好的清洁剂,既能使其洁净如新,还能上蜡打光呢!

1.除去木制家具上的油污

用海绵或抹布蘸取适量的醋,顺着木头纹理擦拭家具表面的污渍。对于较大的油污,可反复擦拭,直至将表面抹净。醋可以使木制品的表面变得光滑明亮,又能防止灰尘的堆积。

2.清理木制家具上的油墨

醋可以软化油墨,要想除去木制家具上的油墨,可在水中加适量的醋,最好水和醋混合成 1:2 的比例。用海绵蘸取醋水,有力度地抹拭油墨处,直至油墨消除,然后用清水加以清洗,并使其干燥。

3.家具变黄的处理

陆露告诉朋友们:"为了防止上漆的木制家具变黄,在平时使用中要避免阳光长时间的直射。不过,若是家具变黄了,我也有补救办法。"

用软布蘸少许醋抹拭发黄的地方,或者用软刷子蘸取醋刷洗。注意用力不要过猛,如此反复几次,再用软布抹干,再晾干就可以了。这样不仅能帮助木制家具补色,而且还能保证其不易褪色。

记住醋这个"保护"木制家具的高手了吗?要认真学习一下陆露的保养方法哦,这对于给家具"疗伤"有很大的作用!

NO.8 电脑脏了? 那就让它"吃"醋吧

"我的电脑颜色变丑了,运行程序的速度越来越慢,不时出现花屏、死机等问题,噪音也越来越大。这到底是怎么回事呢?"李美美一边敲着键盘一边向陆露抱怨。"以前我的电脑也出现过这些问题。"陆露说道,"这是电脑脏了的原因,你清洗一下就可以了。"

李美美耸耸肩:"电脑清洁剂会对电脑造成损害,还会对眼睛和呼吸系统造成刺激,我可不愿意冒这险。"陆露一笑:"你可以 DIY 清洁方法啊,比如用醋,我就是这样做的。"

【大家来分享——巧主妇无毒清洁术】

清洁电脑是一件相当重要的工作，因为尘埃和污垢是损害电脑寿命的罪魁祸首。看看陆露如何用醋DIY的清洁方法吧！用醋是安全的，并且效果很不错，省钱又有机环保。

1.快速清洁显示屏

准备一块柔软、干净的毛巾，向上倒一些醋，稍稍拧干。用微湿的毛巾对显示屏上的灰尘进行擦拭（不要用力挤压显示屏），擦拭时建议从显示屏一方擦到另一方直到全部擦拭干净。然后，用一块干净的湿布再清洁一次，显示屏即可焕然一新。

2.键盘的清洁与消毒

用牙刷蘸取少许醋，轻轻地刷洗电脑键盘，不仅能清洁手印和脏点，更具杀菌消毒之效。将键盘表面刷洗干净后，牙刷毛还要深入到键盘按键间的细缝，使细缝中的灰尘、毛屑都能轻松刷除。

3.鼠标的清洁

看了看李美美有些黏黏的鼠标，陆露拿起了一根棉花棒。她用棉花棒蘸了蘸用水稀释过的醋，稍稍拧干后，便以画圆的方式擦拭起了鼠标表面。待鼠标上的污垢不见后，她又用干净的抹布擦拭了一遍鼠标。

关于机体内部的清洁，陆露提醒李美美不要私自拆卸电脑，应该交售后部去处理。即便有很强的拆装能力，最好也要等保修期过后再清洁。否则出了问题，可能面临不被保修的尴尬局面。

大件物品清扫完后，你的电脑现在已经基本摆脱尘埃和静电的困扰了！不过，排线表面的灰尘也不可忽略，你可以用棉花棒蘸上醋擦拭、清洗排线，这也是执行清扫的收尾工作。

一般来说，每星期都应该对电脑的外壳和各种接口做一次清洁工作，这样你心爱的电脑看上去就显得比较有"精神"，取出来时也可以让人眼前一"靓"哦！

NO.9 给瓷砖地板进行一场"美白术"

陆露家刚刚装修了厨房，白色地板砖上留下了不少污渍，而且任凭怎么刷，都无法恢复洁白。为了找到真正有效的地板砖清洁用品，陆露费了很大的精力和时间寻找，面对市面上眼花缭乱的产品却又无从选择。一天，陆露做饭时，不小心将一些食醋洒在了地板上，她拿起抹布擦拭了几下，居然发现地板上的污渍变淡了，她又赶紧继续擦了几下，嘿！地板洁净如新！食醋居然还有这一妙用，陆露又长见识了！

【大家来分享——巧主妇无毒清洁术】

沾上油渍、尘土、涂料时，家里的瓷砖地板就擦不干净，感觉像是脏东西浸透到瓷砖里面了！有什么好办法能让地板砖重焕光彩吗？在这里，让我们跟着陆露一起看看食醋的妙用吧。

1.清洗瓷砖上的尘土

清洁瓷砖地板最简单的方法就是用一块干净的抹布蘸取适量的醋，擦拭地面，或者也可以用拖把蘸上醋与水的混合液拖地。

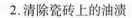

2.清除瓷砖上的油渍

如果瓷砖不小心沾上了油渍，可在油渍处喷上一些醋，用洗澡的花球擦拭。花球质地比较硬，擦的效果好又不伤瓷砖。如果油渍较顽固的话，也可以用钢丝球擦拭，不过力度要轻，以免留下刮痕。

3.清除瓷砖上的涂料

要清除瓷砖上的涂料痕迹，可将醋倒至涂料处，浸泡10~15分钟。然后，用牙刷用力地反复刷除涂料痕迹，直到涂料被清除。

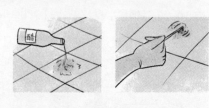

凭着自己对醋的了解，陆露只会用少量的醋，因为醋会侵蚀地砖缝隙处的水泥，长期可导致水泥松脱。而且，她最后一定会用毛巾擦干地砖上残留的脏水，以免脏水阻塞

地砖气孔,产生新污垢。

醋在帮助地板砖恢复洁净如新的同时,不会对瓷砖的光泽和结构有负面影响,清洁效果立竿见影哦。

NO.10 洗衣物时加点醋,自制的柔化剂

瑶瑶身上出现了红肿、起痘等现象,她又哭又闹,薇薇只好向陆露"求救"。"这致敏的'凶手',可能是因为瑶瑶的衣物不干净!"陆露想了想,说道。"不可能。"薇薇连忙否决,"瑶瑶的衣物都是全棉的,洗衣服时我还会加用些柔化剂……""柔化剂大多含有不易分解的化学物质,一旦洗不干净,极易引起皮肤过敏反应。"陆露打断薇薇的话,解释道。"那怎么办?总不能只用清水给孩子洗衣服吧?"薇薇着急地问。"醋!"陆露回答。

【大家来分享——巧主妇无毒清洁术】

洗涤衣物时,若能使用一些醋,可以使衣物变得更加柔软、舒适,比柔化剂效果还要好,特别适合呵护宝宝柔嫩的皮肤,妈妈们可要注意啦!而且,这个天然健康的柔化剂非常安全哦!

方法 1

按照一般的方式清洗衣服,在最后一次漂洗时加入几滴醋,浸泡 10~20 分钟后,直接放入洗衣机中脱水。再之后即使不用清水再洗一遍,也不会残留醋的味道,而且有助于给衣服杀菌、消毒,并

使衣服更软、更蓬松。

方法 2

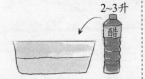

在清洗的过程中,加入 2~3 升食醋,并搅拌几下,使食醋和水充分融合。洗完后,用清水彻底冲洗干净。经过浸

醋处理的衣物会非常轻柔,能有效预防皮肤的发红、发痒现象。

"这样还不够。"陆露告诉薇薇,"宝宝的衣物清洗后,最好要放在通风、有阳光直射的地方充分晾晒,这样可以彻底去掉潮气,亦能消毒灭菌,有效减少衣物对宝宝皮肤的伤害。"

衣服不只是要洗干净,更需要多一点的爱与呵护!在洗衣服时加些醋,可以有效柔顺衣物纤维,让衣服鲜亮如新、香香软软的,宝宝穿起来会很舒服呢!

NO.11 地毯变"花"了? 醋让污渍跑光光

周末,好友李美美带着儿子峰峰前来陆露家玩耍。峰峰真是一个活泼好动的男孩子,即使吃饭时也不安生。结果,他一不小心就将番茄酱和可乐洒到了地毯上。看着变"花"的地毯,李美美满脸歉意,陆露却连连说"没关系"。只见陆露到厨房取了一些醋,短短几分钟后,地毯上的污渍全都消失了,这可让李美美大饱了眼福。

【大家来分享——巧主妇无毒清洁术】

地毯对灰尘的吸附能力是一流的,一旦被各种各样的污渍弄脏,清洁起来是难之又难。这时,醋是你最好的选择了。下面就是陆露用醋来清洁地毯的方法,轻轻松松让污渍跑光光。

1.清除饮料渍

清洗可乐时,陆露先用一块干布以按压的方式将饮料吸干。然后,又配制了一些醋水(醋和水以1∶1比例为宜),用牙刷蘸取醋水,反复刷洗污渍区域。最后,再用干净的布一擦,污渍就不见了。

2. 清除果蔬酱

苹果、草莓、番茄酱等粘到地毯时，可将醋和水按照 1：2 调配成醋水，用海绵蘸取醋水放置于地毯上，将醋水浸入地毯中，再拧干地毯，重复上述动作直到地毯上的番茄酱等污渍消失。最后，可用吸尘器将溶液以蒸气的方式吸取。

醋 水
1：2

3. 清除口香糖

陆露爱吃口香糖，不小心将口香糖粘到地毯的事情发生过不少次。不过，陆露知道只要有醋，口香糖就休想"赖"上地毯。

为分解粘在地毯或织物上的口香糖，可先用醋浸透该区域，保留一会儿，当口香糖变软后，用钝刀或用纸巾将其去除。如果口香糖很顽固的话，可先将醋加热，用热醋将口香糖盖住。约 10~15 分钟后便可轻松取走口香糖。

地毯一旦沾上污渍绝不能等待定期性的清洁，必须立即处理！否则，污渍过快、过多地渗入到织物的组织结构中，不仅会增加清洁的难度，而且还会对地毯造成永久性损害，使其褪色、变色哦。

PART 8

牛奶——爱美人士的必备清洁武器

牛奶是苏盈生活中必不可少的饮品，它营养丰富、物美价廉、食用简单，还有着众多的清洁用途。牛奶中含有一定量的油脂，对于皮具或是木质家具有一定的去污、滋润效果。过期的牛奶中含有乳酸，这也是一种天然的去污剂，它所含的蛋白质和脂肪还能在木地板上形成一层保护膜。

牛奶真的有这么"强大"？没错！这些清洁用途都是苏盈在日常生活中——"摸索"出来的，并且经过了亲身的验证。现在，她就要把这些宝贵的经验拿出来跟大家分享，你可千万不要错过呀！

NO.1　今天,用牛奶取代你的沐浴乳吧

虽然"办公一族"苏盈整天待在办公室里面,根本没时间去美容院护理,但她的皮肤却超赞,看起来相当水灵! 半年前,苏盈出了几天差,回家一看,好几袋牛奶都过期了,她舍不得扔就继续用来洗澡。谁知歪打正着,皮肤明显地变细嫩、光滑了。自此,苏盈再也不肯扔过期牛奶,通通拿来洗澡啦!

【大家来分享——巧主妇无毒清洁术】

你知道吗? 过期的牛奶虽然已不能饮用,但可以用来护肤,而且效果比鲜奶还棒!因为过期牛奶会产生乳酸,乳酸具有软化角质、保湿的作用。希望"肤如凝脂"的美眉们不妨试试。

1.泡一次牛奶浴

洗澡时,先将浴缸放好水,倒入一袋过期的牛奶,用手轻轻搅拌几下,使牛奶与水充分地融合。然后,在牛奶水中浸泡 5~10 分钟,再按照正常方式洗浴,润肤效果很好。

2.来一场牛奶按摩

当在外出差没条件泡牛奶浴时,苏盈会将牛奶均匀地涂抹至全身。轻轻地拍打、揉搓皮肤 2~3 分钟,使牛奶中的营养物质深入皮肤,这样也能较好地软化角质。最后,用清水加以冲洗即可。

不过要注意的是,过期的牛奶如果已经结块,就不要使用了,因为乳酸不会结块,结块的是牛奶蛋白。牛奶蛋白没有去角质和保湿的效果,护肤的意义也就不大了。

让肌肤细嫩、水灵、紧致是每一个美眉所追求的目标。以上的牛奶护肤就是你们梦寐以求的好法宝哦,特别是对于崇尚自然美容的人来说。怎么样,现在就让牛奶为你的皮肤出大力吧!

NO.2 一小杯牛奶,让水性墨水渍彻底消失

担任公司秘书的苏盈每天都要频繁地接触水笔、墨水等,在匆忙的工作中这些文具难免会不小心画到或沾到衣物上,留下墨渍。不过,苏盈的衣物并不会因墨渍而变脏,再次穿上时仍然洁净如新,一点也看不出以前的墨迹。这一点令同一办公室的 MM 们惊讶不已,纷纷向苏盈讨教"秘籍",苏盈也不小气,每次都会很乐意地将自己的小窍门拿出来和大家分享。

【大家来分享——巧主妇无毒清洁术】

对于在办公室工作,或是从事 DIY 的人群而言,衣物上难免会沾到墨水。墨水是一种很难清洗的污渍,但是只要找对了窍门,还是可以让衣物恢复洁净的。那就跟着苏盈做一下吧!

窍门 1

当衣物上沾到墨水时,取一杯煮开的牛奶倒入洗衣盆中。将衣物浸泡在牛奶中,再在墨水渍处的正反面涂上一层牛奶。静置 2~3 个小时后,按照一般方式洗涤即可。

热牛奶

窍门 2

在墨水渍处垫上一张纸巾,然后将牛奶洒在污渍背面,用另一张蘸有牛奶的纸巾轻拍污渍。至污渍被吸干后,按照一般方式彻底清洗衣物。

窍门3

用干净的刷子蘸上牛奶在墨水渍处轻轻刷洗，注意刷洗时要用很小的力度，以免墨水污渍继续向外扩大。可多次重复这个动作，直到墨水渍消除为止，再将衣物彻底清洗干净。

看见了吧！用过期的牛奶来清洗衣服，轻轻一泡墨迹就开始淡了，再揉搓一下，衣服洗出来干干净净啦！

NO.3　新买的家具有异味，给它"喝"点热牛奶

最近，苏盈遇到了一件麻烦事。她刚从家具城买了一个檀木书柜、衣柜，这种柜子既典雅又不失时尚，苏盈一眼就喜欢上了。可搬回家后，她才发现书柜、衣柜里隐隐地发出一股难闻的味道。"这可了得，说不准我还会中毒呢！"苏盈赶紧给家具城打电话反映情况，对方却说这是正常现象。无奈之下，苏盈只好自行寻找解决办法。嗨！还真让她给找着了，1袋牛奶即可！

【大家来分享——巧主妇无毒清洁术】

新买的家具，或多或少都会有点异味，滋扰着你的私人空间。除了经常打开门窗，尽量通风散味外，还有没有其他既不损伤家具又将味道快速去除的好办法呢？其实，你不妨给家具来一场"高级接待"，让它们"喝喝"热牛奶。

1.牛奶擦拭除味法

在热水中加入1/4袋牛奶，取一块干净的抹布放入，浸泡3~5分钟。取出抹布，用此抹布将书柜内部统统擦抹一遍。最后，再用清水加以擦拭，除异味效果非常好。

2.牛奶蒸发除味法

用牛奶擦拭了一番书柜后,苏盈觉得这种方式有些累人,有没有其他更好的方法呢?苏盈决定尝试一种新方法来去除衣柜的异味。

苏盈先将1袋牛奶煮沸,倒入一个盘子中。然后,将盘子放置在衣柜内部,关紧衣柜的门。待约5个小时后,她取出了牛奶盘,再一闻,衣柜内原有的异味居然也消去了不少。

让新家具"喝"上两三天的热牛奶后,你会发现异味几乎一点也闻不到了,而且还散发出了一阵阵沁人心脾的奶香!这样经济又健康的除味法,比空气清新剂好上不知多少倍呢!

NO.4 有什么方法能将水果汁洗掉吗

中午吃饭时,苏盈看到马姐愣神儿了,便用胳膊肘推了推她,笑着问道:"嘿!怎么了?又在想你家的小宝贝吧!"马姐一脸无奈地说:"昨晚上给宝宝喂橘子时,橘子汁弄到了衣服上,怎么洗都洗不掉,真让人头疼。"虽然苏盈也没试过清洗水果汁的方法,但凭着自己对牛奶的认识,她建议马姐用酸牛奶试一试。结果第二天苏盈一到公司,马姐就过来道谢了。

【大家来分享——巧主妇无毒清洁术】

水果虽然好吃,但水果汁很容易沾到衣服上,而水果汁很顽固,很难清洗干净,那就真的没有办法了吗?其实这时候,何不像苏盈一样用酸牛奶试一试呢?

方法 1

把衣服平铺在桌子上，抚平水果汁迹处。将适量的酸牛奶倒在毛巾上，用毛巾反复擦拭水果汁迹，直到汁迹消失。最后，再按照正常的洗衣方式清洗，衣服就干净了。

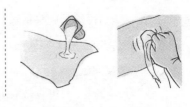

方法 2

先将衣服沾上水果汁的部分浸入 60℃左右的热水中，片刻取出。洒上少量的酸牛奶，用手用力地反复搓洗。水果汁迹变淡或消失后，再按照正常洗衣方式清洗，即可让衣服恢复白净。

哈哈，问题迎刃而解了，去除衣服上的水果汁渍就这么简单。有了这样的好方法，以后吃水果时就可以随心所欲，再不用担心水果汁沾到漂亮衣服上啦。

NO.5 再多的梅雨，也不用担心靓衣变成斑点装了

俗话说："雨打黄梅头，四十五日无日头。"六月以来，持续多日的阴雨，让空气中充溢着潮湿。如此凉爽的天气，让苏盈想起上周刚买的一件蝴蝶袖白衬衫还没有穿过，今天穿正合适。可是打开了衣橱，她却发现那件漂亮的白衬衫居然长上了大大小小的斑点。不过，苏盈自有对付霉斑的好办法。第二天，她就如愿穿上了白衬衫，而且再也找不见斑点了。

【大家来分享——巧主妇无毒清洁术】

在天气闷热潮湿或换季的时候，洗好的衣服总是难以晾干，发出一股难闻的霉味。

不过,比霉味更可怕的就是霉斑!好好的一件衣服一夜之间就会变成斑点装,穿上这样的衣服出门肯定会被人笑死的。不过别烦恼,其实除霉的方法很简单。

1.牛奶浸泡法

衣服长上霉斑时,可在洗衣盆的清水中加入半袋牛奶,将衣服浸泡 10 分钟。然后,揉搓几分钟衣服,特别要注意领口、袖口、袋口及前身的清洗。用清水将衣服洗干净即可。

2.牛奶刷洗法

把衣服挂起来,用毛刷蘸取少量的牛奶,反复刷洗衣服上的霉斑处。直到霉斑消失后,再按通常的方法洗一遍衣服。保证让所有的霉斑跑光光,衣服就又是原来的样子啦!

　　　要想彻底防止无孔不入的霉菌,除了多"抢夺"阳光晾晒衣物、时刻保持通风以外,学会一些去除衣服霉菌的好方法,也是必不可少的。如此处理一番后,穿上你的衣服放心地走出家门吧!

NO.6　牛奶过期了,那就用它做地板蜡吧

自从各种奶粉事件不断曝光后,苏盈新买的一箱袋装牛奶就没敢再喝。如今,一个多月过去了,牛奶早已过期,用来洗澡也觉得不够安全,可是扔了吧还真可惜。于是,她又开始研究起了过期牛奶的妙用。这一次,她要用过期牛奶对付的是地板。

【大家来分享——巧主妇无毒清洁术】

稍不注意,牛奶便过期发酸了,这时不必急着丢弃,可用其来擦拭木地板。因为过期发酸的牛奶可当石蜡的替代品,凝固的牛奶更是上等的石蜡。跟苏盈一起来给地板

上上蜡吧!

方法 1

先用扫把清除地板上的污垢,将过期的牛奶倒入脸盆中,然后加两倍的水稀释。将拖把放在牛奶中浸湿,拧干,就可以擦地板了。最后,用干拖把再轻轻地擦拭一遍地板。

方法 2

将已酸的牛奶用清水稀释,装在喷壶中,然后均匀地喷在地板上。1~2 个小时后,牛奶经蒸发会发稠、发干,用干拖把轻轻地擦拭一遍地板即可。

以上两种清洁地板的方法均可一周擦拭一次,不仅能给地板增添光泽,就像打上一层地板蜡,而且能保护地板表层,减少磨损及划伤。

每天都在上面走的地板,是和我们最近的空间接触,加之面积很大,它的干净、漂亮与否直接影响家居环境,很有必要好好呵护哦!

PART 9

鸡蛋——宝贵的天然清洁物

Zinnia是外企职业女性经理人，是3Z女人，具有"姿色、知识、资本"。在她眼里，鸡蛋既是补养佳品，更是美容圣品、清洁宝物，就连鸡蛋壳都有它独特的妙用呢！当脸上有黑头、头发枯黄分叉、皮包上有裂纹、榨汁机脏了……Zinnia统统会巧用鸡蛋来解决。

鸡蛋真有这么神奇吗？没错，蛋清中含有丰富的蛋白质和少量醋酸，蛋白质可以增强皮肤的润滑作用，醋酸可以保护皮肤的微酸性，防细菌感染。而且，蛋白有一定黏合作用，有"天然胶水"之称，用它擦拭皮包、皮鞋是再好不过了！

还等什么，快来学点鸡蛋美容清洁妙招吧！

NO.1 哈哈,以后不会再有黑头烦恼了

由于每天都要出入都市高级写字楼,接待来自天南海北的客户,Zinnia 不得不每天花上一个小时化精致的靓妆。下班回到家,身心俱惫的她只想赶紧睡觉,只花 5 分钟匆匆地洗脸卸妆。妆没卸干净,肌肤当然会抗议!有一天,Zinnia 突然发现鼻头上长满了黑头,很是难看。不过,她一向做事干练利落,皮肤护理也不例外。凭着聪慧的大脑,Zinnia 只用了不到两周的时间,就让黑头彻底消失了!

【大家来分享——巧主妇无毒清洁术】

"草莓鼻"一向是美女们的烦恼,特别是经常化妆又是油性皮肤的MM,简直苦不堪言。怎样去黑头呢?去黑头的方法五花八门,除了专业的面膜和导出液外,其实在家里也可以去黑头,而且很简单哦!现在就让 Zinnia 把自己总结的好方法带给你!

1.蛋清软膜去除黑头

第一步:将化妆棉撕成较薄的薄片,越薄越好。打开一个蛋,将蛋清与蛋黄分开。

第二步:用夹眉笔或小镊子将撕薄后的化妆棉浸入蛋清中,让化妆棉充分湿润。

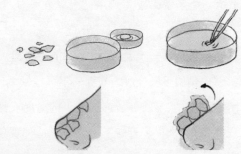

第三步:按压化妆棉,让其湿润但不滴液,将其贴在鼻头上。

第四步:待鸡蛋清风干形成薄膜后,将化妆棉小心地撕下,再用清水清洗脸部即可。

2.鸡蛋壳内膜去黑头

有时候,Zinnia还会顺便利用鸡蛋壳内的那层薄膜来"对付"黑头。小心地将薄膜从鸡蛋壳上撕下来,贴在鼻子上有黑头的地方。静待10~15分钟后,轻轻撕下来。

这两种方法均对清洁脸部黑头有疗效。每天晚上坚持,一个多星期后,你就可以看到黑头大大地减少了。

> 若你有用手挤压黑头的习惯,赶快停手吧!因为挤压黑头会严重地损伤皮肤结缔组织,而且容易引致皮肤发炎,使毛孔越变越大。现在学会了Zinnia的好方法,以后就再也不惧黑头的困扰啦!

NO.2 皮包脏了,还有裂纹,看着别提多难受了

为了感谢一个老朋友多年对自己的支持,Zinnia借对方生日之际,送给了她一个非常精致、高贵的皮包。看到这个礼物,一直喜欢收藏皮包的老朋友又惊又喜:"你们都知道我喜欢皮包,但看着那些漂亮的皮包变'老',这心里就别提有多难受了。这个皮包最漂亮了,我真希望它能陪我久一点。"Zinnia神秘地一笑,说道:"想让皮包一直漂亮下去,我有一个秘密武器哦,现在它就藏在皮包里的一张纸条上。"

【大家来分享——巧主妇无毒清洁术】

皮包似乎已经成为女性们不可或缺的服饰,一个经过精心选择的皮包具有画龙点睛的作用,它能将你装饰成真正的时尚女性。但皮包却常常会蹭上脏东西,发生干裂现象,看着别提多难受了。为防止这种现象的出现,Zinnia发明的"秘密武器"是什么呢?

1.去除皮包上的顽渍

一般来说,用抹布直接擦拭皮包,就可以达到清洁效果,但有些污渍非常顽固,这时候怎么办呢? Zinnia 选择的是鸡蛋清清洁法,快来看一下吧!

打开一个鸡蛋,取出鸡蛋清,用毛巾蘸少许鸡蛋清反复擦拭皮包面。黏稠的鸡蛋清可以吸附走皮包表层的脏东西,轻松地去除皮包上的顽渍。每次,Zinnia 都会在皮包带处多擦几遍,因为皮包带是整个皮包上最容易脏的地方,反复擦拭才能保持持久清洁。

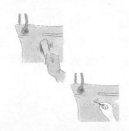

2.修复皮包上的裂痕

先用刷子刷掉皮包上的污垢,再用棉签或棉花棒蘸取少量鸡蛋清,均匀地涂抹在皮包面上。刷好后将皮包放在一边,晾上 5 分钟,让它好好消化、吸收鸡蛋清。等鸡蛋清干了后,用干布轻拭皮包表面。经过这样的处理,皮包会变得光洁如新,还可修复细小的裂痕,使皮包更耐磨损。

当然啦,不只是皮包,皮鞋、皮箱以及皮带等物品同样适用于这种鸡蛋清清洁和护养的方法哦。擦完看一看,这鸡蛋清还真有妙手回春的本事,皮革真的洁净如新、光彩照人啦!

NO.3 还在为清洁榨汁机烦恼么

因喜欢喝新鲜的蔬果汁,Zinnia 便买了一台浅黄色的迷你型榨汁机,苹果、芒果、胡萝卜……各种口味换着做。有朋友来访时,Zinnia 也会根据对方喜欢的口味,"献"上自己的"杰作"。好友婷婷是 Zinnia 的常客,她发现这台榨汁机虽然天天用,也用了两年多了,但依然光洁如新。可她观察了好久,Zinnia 家并没有专门清洗榨汁机的洗涤剂,她

便将自己的疑问提了出来："我每隔一周就用洗涤剂清洗一次榨汁机,但怎么你家的这台要比我家的干净好多?"Zinnia轻轻笑道："我可不用洗涤剂,有鸡蛋壳就OK!"

【大家来分享——巧主妇无毒清洁术】

夏天到了,用榨汁机自制果汁,营养又爽口,真是一份享受。但是做完果汁,享受完美味后,这后续的工作,也就是清洗榨汁机就比较让人头疼了。不过今天Zinnia利用鸡蛋壳清洁榨汁机的妙招,简单又有效,以后你就不用再发愁它的清洗啦。

1.清洗搅拌容器

清洗榨汁机的搅拌容器时,Zinnia会提前准备一些碎蛋壳。在榨汁机容器中加入1/3温水,放入那些碎蛋壳。插上电源,搅拌两分钟后,碎鸡蛋壳就可以将榨汁机清除干净,然后用清水加以冲洗。你会发现,原有的污垢全部消失了,榨汁机容器光亮如新。如有必要可以再如此重复做。

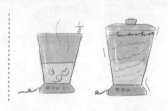

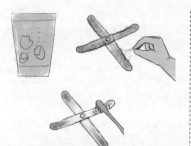

2.刀头处污渍的处理

刀头是榨汁机的"厨房",其洁净程度直接影响榨汁的速度和质量,要引起重视。对刀片进行清洗时,需要注意三个步骤。

第一步:事先将一些新鲜蛋壳放在清水中,浸泡2~3小时,这样可以产生蛋白与水的混合溶液。

第二步:将刀头处堵塞的纤维条慢慢抽出。

第三步:用牙刷蘸取混合液,轻轻地刷洗刀头上的残留污垢。

经过这样的处理后,不仅可以彻底清洁榨汁机的刀片,还能增加刀片的光泽和锋利度。

现在,我们就在家中自己用鸡蛋壳清洁榨汁机吧!如此轻松就让榨汁机变得干干净净,美味营养的纯蔬果汁是不是也就喝得更放心了?

NO.4　家中再也没有蚂蚁开 party 的现象

Zinnia 钟爱香蕉、奶糖或蛋糕等美食,家中经常会引来一些不受欢迎的"食客"——蚂蚁,有时一大群一大群的,看着很不舒服。为此,Zinnia 试过很多种药物,灭蚁的粉剂、杀虫的喷剂等,均不管用。直到她发现了它——鸡蛋壳。这个方法,Zinnia 已经使用 1 个月了,从开始使用的第一天到现在,家中的蚂蚁已经变得越来越少了,甚至连零星的"观光游客"也没有了。

【大家来分享——巧主妇无毒清洁术】

不管你把家打扫和洗刷得多么干净整洁,但稍不留神或不经意就会被蚂蚁袭击了。要想驱走蚂蚁,除了喷洒灭虫药、用脚踩死、热水烧烫外,更有效、更环保的方式,就是用鸡蛋壳。

把蛋壳用火烤黄,不可烤焦,然后碾成粉末。厨卫及阳台的水泥缝中、瓷砖背后、下水道周围以及花盆附近都是蚂蚁时常出没的地方。将鸡蛋壳粉撒在这些地方,蚂蚁就不会来光顾了。这种办法可有效控制一周的时间。

刚开始Zinnia也不明白鸡蛋壳为何有此奇效,通过查找资料才得知:鸡蛋壳的主要成分碳酸钙经过灼烧、吸收水分之后,会变成氢氧化钙(消石灰),蚂蚁不喜欢这种味道,自然就"知难而退"了。

不光是鸡蛋壳,在蚂蚁经常出没的地方放一些香菜、芹菜、花椒、核桃叶、烟丝等有味的东西,也都可以起到驱逐蚂蚁的作用呢!

NO.5　蛋壳,让黑油重新变清亮

由于平时工作繁忙,Zinnia 自觉对丈夫和儿子照顾不佳。所以,一到周末,她必在家中大展厨艺,其中儿子最喜欢的酥鸡柳棒、蒜香炸排骨是必不可少的。这样一来,每次做完饭后经常会剩下大量的食用油,油里还时常漂着碎鸡肉、碎排骨渣等杂物。以前 Zinnia 都是将这些剩油直接倒掉,直到有次她不小心将几片鸡蛋壳撒进了油锅里,意想不到的事情发生了! 就这样,Zinnia 发现了如何让剩油变清亮的大秘密,剩油又能接着用了!

【大家来分享-——巧主妇无毒清洁术】

炸海鲜、排骨、鸡块等食物时,每次都会剩下大量的油。扔了似乎太可惜了,可留下接着用吧,这些不够清亮的油又让人看了不舒服。怎么办呢? 有没有办法可以使食用油重新变清亮?

1.鸡蛋壳清除油渣

将几片拇指指甲盖大小的鸡蛋壳放入混浊的油中,小火浸炸。油中的残渣就会吸附在鸡蛋壳上,捞出鸡
蛋壳,去掉残渣。再放入几片鸡蛋壳继续浸炸。如此反复几次油就变清了。

2.鸡蛋清去除油渣

炸过食品的油中留有不少食物杂质, 此时可趁热慢慢打进一个鸡蛋清。鸡蛋清对食物杂质有吸附作用, 油中的残渣会聚拢起来。然后用过滤勺捞去残渣,就可以使油变回清亮。

炸过一两次东西的食用油,只要没有混浊、颜色发深,都还是可以过滤一下残渣,继续使用的。但如果是多次循环使用过的油,则对健康不利,应考虑更换新油。

NO.6 别愁眉苦脸了，清洗窄口瓶有秘诀

"这些花可真漂亮呀！给您的办公室增添了不少亮丽。"在和一客户洽谈业务时，Zinnia由衷地赞叹道。"我很喜欢花，身在红花绿叶间，身心的节奏仿佛也变得舒缓了起来。"客户微笑着说道，"不过，实不相瞒，清洗这些窄口花瓶可不容易啊，尤其是瓶底的污垢够都够不着，挺愁人的。"Zinnia一听，当即慷慨地将自己平时清洗各种窄口瓶的好方法告诉了对方。

【大家来分享——巧主妇无毒清洁术】

口径窄小或底部较深的陶瓷瓶、玻璃瓶等清洗起来很费力气，即使是使用试管刷也很难够得着，不能彻底洗干净。不过，用鸡蛋壳就能解决这个问题，下面就来看看它的妙用吧！

第一步：把几个鸡蛋壳弄成碎片，从瓶口倒入要清洗的瓶子里，再加入1/2瓶的温水（以35℃为宜），浸泡3~5分钟。若污渍顽固的话，浸泡时间可适当地延长。

第二步：用一只手捂住瓶口处，另一只手拖住瓶底，用力左、右、上、下摇晃、振荡瓶子1分钟左右。假如污渍较严重，也可以适当延长摇晃的时间，直到污垢消失。

第三步：倒出蛋壳残渣，用清水把瓶子冲洗一下。于是，刚才还很脏、很难清洗的的窄口瓶，已经洗得干干净净了。

客户有些不明白地问："为何鸡蛋壳有此妙用呢？"Zinnia告诉他，"在摇晃过程中，碎鸡蛋壳会撞击和摩擦瓶子内壁，便可以将附着在瓶壁上的灰尘、油污、果酱之类的污垢清理干净了。"

想不到吧? 看似无用的鸡蛋壳也能成为我们的清洁好帮手,轻松去除局部污渍。俗话说,不试不知道其中的奥妙! 将你家的窄口瓶统统收集出来,快快动手清洗吧!

NO.7 鸡蛋=洗发液+护发液

为了跟上最近的一股"棕色潮流",爱时尚的 Zinnia 将头发染成了棕色。漂亮倒是漂亮,但由于头发受到了破坏,爱起油、分叉的现象也接着来了。后来,Zinnia 查到了一种利用鸡蛋保养头发的方法,她本着试一试的态度使用了一段时间,结果发现还真管用。渐渐地,Zinnia 头发上的问题消失了,头发变得比以前柔软润泽了。

【大家来分享——巧主妇无毒清洁术】

"鸡蛋可以做洗发液和护发液?"看到这个题目你是不是会觉得难以置信。但不管怎样,鸡蛋有很好的洁发、护发作用,这已得到了科学界的认可。那么,如何用鸡蛋自制洗发液和护发液呢?

Zinnia 先取出了一个新鲜的鸡蛋,她将鸡蛋打入器皿中,然后,将蛋清和蛋黄分放在两个器皿中。之所以分放是因为蛋清和蛋黄对头发具有不同的效用,具体制作方法如下。

1.清洁头发的方法

将一杯温水加入蛋清中, 搅拌均匀。将头发打湿,把鸡蛋清和水的混合物均匀地涂抹在头发上,轻轻按摩头发。5 分钟后,用温水冲洗干净。鸡蛋清能有效清除积聚在头发上的油垢。

2.养护头发的方法

将一杯温水加入蛋黄中,充分搅拌,再涂抹在清洗过的头发上。用毛巾和浴帽把

头发包起来，并不断用湿毛巾热敷。1~2小时后将头发洗净。这种方法适用于染、烫过的头发恢复，可以滋润干枯的头发，让它们恢复光泽。

在家自己制作一些鸡蛋护发用品是一件很方便的事，但要保证家里的鸡蛋够新鲜，如果不新鲜，就会影响其效果。当然，如果鸡蛋的腥味令你感到不舒服的话，还是尽量少做为妙。

PART 10

牙膏——你手边的无毒清洁好帮手

安琪 5 岁的儿子贝贝是一个非常淘气的男孩子,在家里他经常乱涂乱画,到处留下污渍。为了"对付"儿子,安琪可谓是伤透了脑筋。突然有一天,她发现了牙膏的特殊妙用。此后,安琪就开始尝试用牙膏清洁各种东西,经过实践,她慢慢地自立了牙膏清洁的一大"门派"。

牙膏是无毒无害的,用它来清洁显然比化学制剂安全许多。牙膏成分里比重最大的是摩擦剂和润湿剂,粉状的摩擦剂可以轻松地消除一些顽固的污垢。

安琪到底都用牙膏清洁了什么,效果又如何呢?

NO.1 白墙居然成了"小画板"

晚上,安琪正躺在床上翻看杂志,突然听到丈夫昊的声音:"贝贝,你怎么在墙上瞎画呢!看!这么白的墙变成什么样子了,你以为这是画板吗?"安琪赶紧跑了出去,看到沙发旁边的墙上满是画笔痕、黑手印。贝贝则低着头站在墙角,手不停地搓着画笔,低声嘟囔着:"我错了,以后不再这样了。"见状安琪赶紧说:"知道错了就是好孩子。来,贝贝,现在咱们来把墙壁变干净。"丈夫很不相信地说:"什么?就你?还是明天我请人粉刷一下吧!"不过,很快昊不得不相信安琪了。

【大家来分享——巧主妇无毒清洁术】

小朋友脏脏的小手喜欢在墙上东摸西摸、写写画画,就经常会在白色墙壁上留下黑手印、乱笔迹。你一定很好奇,安琪用的是什么清洁剂吧?告诉你吧,她没有用任何清洁剂,而是用牙膏。牙膏可以有效清除脏污,又不会伤到墙面。快来学习一下吧!

方法1

取一块海绵,用清水将海绵蘸湿,拧干海绵但又要保持一定的湿润。然后,用海绵蘸取少量的牙膏,以画圆的方式轻轻擦拭墙壁脏污处,擦拭一会儿后,

污垢便可消除了。

方法2

对于不能用海绵擦掉的顽固污垢,安琪取了一把牙刷。她用清水将牙刷毛打湿后,在牙刷上挤了一些牙膏。然后,

用牙刷来回轻轻地刷洗脏污处,再用干净的抹布擦净,脏污就淡得几乎看不见了。

贝贝的小手擦得不如安琪好,在墙上留下了轻微划痕,他指着划痕,小声地问:"妈妈,这个怎么办?"这时,安琪又拿出了一个棉签,她用棉签蘸上了少量牙膏,朝划痕抹了上去,然后用抹布轻轻按平表面,划痕就不见了。

你看,只要用些牙膏就可以轻而易举地把墙壁上的字画擦拭干净了,所以当你发现孩子用铅笔、蜡笔把墙面画得乱七八糟时,千万别冲小孩发火了,当然你也没必要再为此感到烦恼。

NO.2 裤子印上了墨迹,多难看啊

下班回家后,安琪发现贝贝眼里噙着泪花,便关心地问:"宝贝,你怎么了?""今天幼儿园上美术课时,同桌斌斌把他的调色盘打翻了,墨水洒在他袖子上,也流到了我裤子上,你看,多难看啊!"贝贝嘟着嘴说道。安琪一看,果然好好的裤子上清晰地印着一块墨迹。"我以为什么大事呢,别担心,妈妈有办法。"第二天,贝贝起床后看到晒在阳台上的裤子干干净净,他惊讶地叫道:"妈妈,墨迹居然不见了,这是怎么做到的?我要快点告诉斌斌。"

【大家来分享——巧主妇无毒清洁术】

"衣服上不小心染上了墨水,有什么方法可以去掉吗?"这个问题是不少妈妈们急于想知道的问题。的确,墨汁很难清洗干净,但安琪是怎么做到的呢?其实,她只是巧用了牙膏而已,需要的时候你也试一试吧!

方法1

第一步:在桌子上垫一块毛巾或抹布,将衣服上的墨迹处放在上面,这样可以避免墨迹染到衣服的其他地方。

第二步:在墨迹处涂上牙膏,用干净的抹布由外往内轻轻地擦拭墨迹。

第三步:待墨迹慢慢变淡后,再在墨迹上挤上一些牙膏,用手用力反复搓洗墨迹处。

第四步:用清水将衣服冲洗干净,墨迹就一点儿都不剩了。

方法 2

准备一个小小的容器,小碗或小杯等,注入热水。将衣服墨迹处平放在容器口上,用牙刷往下按使其浸泡在热水中。1~2 个小时后取出,用蘸有牙膏的牙刷反复刷洗墨迹处,用水一冲洗,即可去除墨水迹。

当衣服刚被染上墨迹时,你也可以用蒸熟的大米粒搓洗,等墨汁把米粒染黑后,再按照一般方式进行清洗,反复两三次,基本上就能将污迹洗净。怎么样,没有想到吧?

NO.3 电线脏了,快用牙膏清洁下

一天,贝贝发现爸爸电脑后面有一堆电线,便偷偷扯了出来拿去玩耍了。等昊发现后,电线已经变得很脏了,他有些恼火地将电线扔到了门口的垃圾桶里。过了一会儿,安琪拿着一团干净的电线走了过来。昊很高兴地说:"我原打算明天去买新的,多谢你替我买回来了。""哦,这不是新买的,是刚刚被你扔到垃圾桶的那些,我只是清洁了一下而已。"安琪平静地说道。

【大家来分享——巧主妇无毒清洁术】

手机、鼠标、移动硬盘、音响、相机以及游戏机等,但凡跟电子产品沾边儿的东西,没

有一个不带电线的。电线脏了，很影响产品的美观。怎么可以快速、方便地清洁呢？现在让安琪教你一个小窍门。

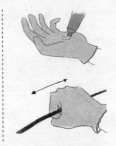

第一步：手上套一个尼龙工作手套，在手套上挤些牙膏。

第二步：握紧电线，直接以手搓洗电线，如此重复几遍。

第三步：用干抹布擦拭一下，电线就可以变得很干净了。

尼龙手套具有摩擦力，带着它清洗电线一点也不费劲，甚至可以说是轻而易举。赶紧记下来吧，以后电线脏了就再也不用发愁啦！

NO.4 给塑料品动一次"换肤美颜术"

由于塑料制品颜色艳丽，轻巧易放，并且不易被摔坏，因此安琪给贝贝用的餐具都是塑料制品，但奶粉、米粉、鸡蛋羹及面汤等多少都含点儿油脂，用久了餐具看起来会油腻腻的。用清水洗不干净，用清洁剂又不放心。这可怎么办？忽然安琪想起以前用牙膏洗衣服的事情，于是她取了一些牙膏来试验一下。哎哟，塑料餐具不仅被洗干净了，还和新的一样哪！

【大家来分享——巧主妇无毒清洁术】

塑料洗菜盆、塑料饭盒、塑料勺子、塑料盘子……用久后会沾上污垢或意外染色。比如，盛放过咖喱的饭盒，总会有一层难以去除的黄油；塑料盘子盛过什么带颜色的东西，就再也洗不掉了……继续用吧心里不舒服，扔掉吧又实在是浪费。该怎么办呢？牙膏能轻松让它们改头换面！

1. 清洗脏了的塑料品

在容器中放置适量的清水，将需要"换肤"的塑料制品放入浸泡。2个小时后，取出塑料制品，用牙刷蘸取牙膏反复擦拭,缝隙处要多刷洗几下,再用清水加以冲洗就可以了,清洁效果非常好,也不会有任何的腐蚀作用。

2.处理染色的塑料品

如果遇到被咖喱、色素等染色严重的塑料制品,将牙膏挤到一块抹布上,用抹布反复擦拭染色处,再覆盖4~5小时。最后,用清水加以冲洗即可。除了可对塑料制品"美白"之外,这还是一次消毒工作。

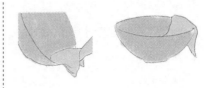

> 粉色、黄色、绿色、蓝色……用五彩缤纷的塑料用具装扮你家的厨房吧,营造一种平和、静谧的情调。相信置身于这样丰富多彩的厨房中,你会发觉准备饭菜乃是一大乐趣。

NO.5　闪亮亮的水龙头真好看

周末,斌斌来安琪家里找贝贝玩耍。安琪给孩子们拿了几个苹果,去厨房清洗,贪吃的贝贝拉着斌斌也跟了过来。忽然,斌斌说道:"呀,贝贝,你家的水龙头好亮呀,真漂亮。"贝贝一听乐了,挺了挺胸膛:"那是,我妈妈多厉害,她洗什么都很干净的。"安琪扑哧笑了。斌斌仰着头,认真地问:"阿姨,为什么我家的水龙头不亮,还脏脏的?"安琪拍拍斌斌的头,笑着说:"哟,斌斌真懂事,想做家务了。好吧,现在我教教你,以后你家的水龙头也就能这么亮了。"

【大家来分享——巧主妇无毒清洁术】

现在家里都用不锈钢水龙头,新的时候光洁铮亮闪着光,看着要多舒服有多舒服。可是几个月后,这水龙头就沾上了污垢,表面灰蒙蒙的,清除起来也相当麻烦。那么,安琪的

水龙头怎么一直那么闪亮亮呢？她是怎样清洗的？现在就教你！准备开始清洗了哦！

1.油腻的水龙头

清洁时，安琪用牙刷蘸上一些牙膏，然后就开始反复刷洗水龙头了。等水龙头上的油污被刷洗干净后，再用清水冲洗干净。安琪告诉斌斌："刷洗时，力度要轻，切勿大力摩擦，以免水龙头表面受损，更易沾上污垢。"

2.水龙头的细缝处

水龙头的细缝处，如内侧与基座很难清洗，不过安琪有自己的办法。她将一些牙膏挤在抹布上，然后将抹布卷起后穿过基座，两手扯着抹布左右移动，细缝处的污垢就立即被清除了。此处，也可以利用旧丝袜或细绳。

3.消除顽固污垢

对付顽固污垢，切不可蛮干，要有巧法。可把牙膏挤在水龙头的顽固污垢上，将一块浸过热水的抹布敷在上面，放置2~3小时，便可软化污垢。这时，再用抹布反复擦拭，污垢就能轻松地被清除掉了。

这样水龙头的清洗就完成了，不过最好还要用干抹布将水龙头的金属表面来回擦拭一遍，将水分都擦干就 OK 了，可避免生锈。

现在看一看清洗好的水龙头，怎么样？是不是又恢复了往日的光亮，效果很明显吧！按照这样的方法，赶快把家里的水龙头挨个洗一遍吧！

NO.6　就这样,脏硬币大变了脸

刚入秋的一天，贝贝和安琪说："妈妈，您能每天给我一毛钱吗？""啊！你要一毛钱干什么？"安琪有些惊讶，她猜不出一毛钱能干什么。"因为，因为……"贝贝有些踌躇，

"姥姥冬天就过生日了，我想买对兔毛的袜子送给姥姥，我要一毛一毛地攒下来，这样才有意义。"安琪非常支持贝贝的做法，便将家里所有的硬币搜了出来。但这些硬币都有些脏了，安琪便将硬币洗了洗。接过第一个硬币时，贝贝兴奋地嚷道："哇，它好干净哦，我现在就让它到储蓄罐里睡美觉。"

【大家来分享——巧主妇无毒清洁术】

硬币要经过很多人的手，很容易会因污迹、指纹而蒙上一层"灰纱"，成为细菌滋生的温床。想不想让你家的硬币干干净净，将细菌降到最少而大变脸呢？过程无需复杂，只用牙膏就可以！

方法1

用棉签将牙膏均匀地抹在硬币上，静置一整夜。早上，用干净软布将硬币上的牙膏擦拭干净，便可使硬币恢复表面光亮，闪闪发光了。

方法2

用牙刷蘸取牙膏，配合少量的水，轻轻地擦拭硬币。然后用清水加以冲洗，再用干抹布擦干硬币即可。对于粘有大块污物或特别脏的硬币，可用无砂粒高级绘图橡皮适度擦拭。

在给孩子硬币时，父母除了要对硬币进行一番清洁外，还要注意安全，看护好孩子，不要让孩子误吞硬币，以免发生危险。

NO.7 再顽固的毛巾架水斑也抵不过牙膏

贪玩的贝贝经常把小手、小脸弄得黑黑的，为此安琪在浴室毛巾架上准备了一条专

用来对付黑垢的毛巾。很多时候，干毛巾擦不掉贝贝皮肤上的黑垢，安琪就把毛巾微微打湿。时间一长，毛巾架上居然出现了一点一点的水斑，很是难看。"该怎么办呢？"这让安琪感到有些头疼，不过她很快想到："牙膏既然能清洁水龙头，为什么不用它试试清洁毛巾架呢！"结果一试，还真的管用！

【大家来分享——巧主妇无毒清洁术】

毛巾架一般装在卫生间、浴室的墙壁上，用于放置衣物、挂晾毛巾等，由于长期处于潮湿的状态，很容易产生一点一点的水痕斑点。那么，要怎样将这些斑痕快速地擦除呢？

第一步：准备一条干净的毛巾，在毛巾上挤一些牙膏。

第二步：用毛巾顺着打磨线或纹理平等的方向擦拭毛巾架上的斑痕处，力度要轻，以免在表面留下划痕。

第三步：用清水冲洗干净，再用一块干抹布将毛巾架擦拭一遍即可。

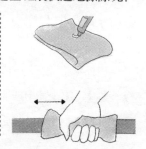

如此清洁一番后，不仅毛巾架上的斑痕会消失不见，整个毛巾架也会恢复到原来的光泽呢！

NO.8 清洗皮具？自己动手就搞定

周末，安琪想约好友晓晓一起去逛街，谁知晓晓却说要和老公一起去皮具清洁店保养沙发。"唉！"晓晓叹了一口气，"皮沙发颜色淡了，皮质也硬了。""为什么要去皮具清洁店呢？自己在家就可以做呀！"安琪笑着说道。晓晓有些丈二和尚摸不着头脑："自己做？谁会呀？"安琪认真地说："我会！""啊！你不会是想拿我们家沙发当试验品吧？"晓晓打趣地问。安琪又笑了："你放心好了，我家贝贝每天在皮沙发上东摸西摸，要是我没点'真功夫'，那沙发恐怕早就归西了，待会我就让你心服口服。"

【大家来分享——巧主妇无毒清洁术】

再豪华高档的皮革,用久之后,都会失去原有的色泽,高贵典雅、美观靓丽的感觉也不复存在,让人看不顺眼。在这个时候,不需要请专业人士,自己动手便可使其恢复原貌。看看安琪是怎么做的吧,能否让你心服口服。

第一步:先用去污膏或半干毛巾将沙发表面清洁干净。

第二步:用软抹布蘸取牙膏擦拭皮面,使皮面上有一层薄薄的牙膏渍,注意尽量要涂抹均匀,污渍较多处,可适当多抹一些。

第三步:5~10分钟之后,用软抹布将皮面反复擦拭干净,皮面即会变得柔软、光亮如新,皮革也就得到了有效保养。

如果觉得清洁效果不够理想的话,可以用抹布蘸取牙膏再做一次。

"牙膏可以用来直接擦拭沙发吗? 会不会对皮面造成伤害? "虽然看着沙发变亮了,但晓晓还是对这一新方法感到不放心。

安琪回答:"这一点你完全可以放心,牙膏不仅能清洁皮面,还可以还原皮革的延展性,延长沙发的使用寿命。此方法还可以用来日常养护皮包、皮手套、皮衣、皮鞋等皮制品呢! "

皮革品柔软、温润、耐用,可以透露出一种高贵的气质……要想让属于你的它始终散发高贵气质,成为你身价倍增的理由,要记得经常用牙膏做一做清洁工作哦!

NO.9 牙膏一擦,电灯开关变"靓"啦

贝贝喜欢一切新鲜的事儿,当他发现随着自己上下按电灯开关,房间一会儿亮一会儿黑时,兴致高极了。后来,只要天一擦黑,贝贝就抢在爸爸妈妈前面去开所有房间的

电灯。由于贝贝的小手很多时候都不够干净,按开关后总会留下黑手印、饭粒等。不过,安琪总有办法事后将开关擦拭干净。不知情的贝贝时常跟小朋友们"吹嘘":"我家的电灯开关不仅能管电灯,而且还会偷偷变干净呢! 好神奇呀! "

【大家来分享——巧主妇无毒清洁术】

电灯开关的四周因为手经常性的触碰,难免会变得脏脏的,摸上去还黏黏的。这种带电的地方想要清洁却又不敢用水,有什么好方法可以让开关处洁净如新呢? 看一看安琪的做法吧!

方法 1

用干抹布蘸取少量的牙膏,轻轻擦拭电灯开关及其四周,再用抹布的干净处擦净开关,便能轻轻松松去除污垢。

方法 2

将少量的牙膏挤在电灯开关上的污垢处,用牙刷轻轻地刷洗,再以干抹布仔细地擦拭开关,也可以快速地将污垢擦掉。

若电灯开关进水时,一定要及时处理,否则会发生危险。先关掉开关所在电源的开关,再用试电笔看看是否开关已经断电,找个干燥的抹布擦拭水分,然后找个吹风机吹一会儿即可。

PART 11

肥皂——安全放心的"清洁卫士"

　　肥皂，几乎每一个人都天天在使用，这是因为肥皂对皮肤具有去污洁净的作用。但除此之外，你还知道肥皂其他的清洁功效吗？

　　肥皂可是高效环保的清洁素材，它能增进油垢的亲水性，加速分解清除，达到洗净作用。肥皂的分子能包覆油污，在清洗搓揉过程中油污会慢慢变小，最后变成像水一样的状态。如此一来，不管是衣物上的花生酱，变旧的黄金饰品，还是恼人的不干胶痕迹，都能去除掉！

　　现在，就让陶子来告诉你，小小肥皂的各种清洁用途吧！

NO.1 让浴室镜子不起雾,你能做到吗

周末,好友芳芳来找陶子:"陶子,现在有时间吗? 跟我去买一个浴室镜吧!""为什么买镜子? 你家的浴室镜坏了吗?"陶子问道。"镜子没有坏,"芳芳叹了一口气,"但一放热水,就很大雾气的。我听说有一种新型的浴室专用镜子,不会沾雾气呢。""何必买新镜子呢?"陶子笑笑说:"我家的镜子就不爱起雾,跟我来吧,我们自己来制作新型镜!"

【大家来分享——巧主妇无毒清洁术】

浴室中的镜子,经常一受到热气熏蒸,总是模糊不清。用抹布蘸水擦洗,往往会留下一条条的痕迹,而直接用纸擦拭又会留下很多纸屑,真是一件麻烦事。现在,就和陶子一起来分享她的小窍门,轻松解决这个烦恼吧!

1.直接涂抹肥皂法

手握肥皂,直接在镜面上均匀涂抹,水汽大的地方可以适当擦厚点。5分钟后,用干抹布轻轻擦除镜面上的肥皂,直到看不见肥皂的痕迹就 OK 啦!

陶子告诉芳芳:"为了清晰明了地看见效果,你可以先用肥皂清洗半面镜子。再开热水的时候,用过肥皂的半边镜面明显不会起雾。"芳芳用其他镜子如此一试,嘿嘿,果然如此。

2.肥皂水擦拭法

将肥皂放在热水中浸泡,用蘸取肥皂水的抹布,仔细地擦拭一遍镜面,再用清水清

洗,最后用干抹布擦干残留的水渍,效果同样明显。抹布的选料以吸水性强为宜。

学会了这种擦镜子的方法,以后你就不用再为镜面挂雾气而烦恼了。即使洗热水澡时,小水滴也挂不住,镜子光亮亮、倍儿清晰,你可以一边洗澡一边欣赏自己呢!

NO.2 肥皂是花生酱的天敌

陶子最喜欢吃花生酱了,无论是吃早餐面包,还是朝鲜冷面,她都喜欢挖上一两勺花生酱。为了满足口福,陶子还用心地跟着一个博友学会了自制花生酱,那味道实在太赞了。好东西怎么能独自分享呢?!陶子时常将自制的花生酱送给亲戚、好友、同事。大家自然很乐意接受陶子的好意,但一不小心花生酱就会粘到衣物上,怎么洗都洗不干净,这一点让人挺无奈的。不过,陶子可从来没有为此忧虑过,原来她有自己的清洁秘诀。

【大家来分享——巧主妇无毒清洁术】

花生酱既营养又美味,而且能饱肚不易发胖。然而,如何去除它在衣物表面上留下的污渍,却又是另外一回事了。如果你不小心将花生酱粘在了衣物上,陶子的清洁秘诀可以分享给你哦!

1.皂水浸泡法

用钝刀、纸板或信用卡等硬质物,从外缘向中间尽可能地刮除不慎染脏面料的花生酱。然后,将衣物浸泡在肥皂水里,约15分钟。用蘸有肥皂水的毛巾或海绵反复擦拭污渍表面,最后用清水加以冲洗并晾干。

2. 流水冲洗法

放置一个大碗或平底深锅，将花生酱污渍朝下摊盖在开口上，用衣夹或橡皮筋将衣物固定住。在污渍上侧均匀地涂抹上肥皂，将热水从高处倒在污渍上（以该衣物所能承受的最高水温为宜），让热水穿过污渍处的衣物纤维，把污渍一起冲走，再用干净的软布擦干。

花生酱那浓郁的香气、微甜的口感，几乎所有的小孩和女士都喜欢吃。学会了以上去除花生酱污渍的好方法，以后食用这种奶油状的东西便都可以无所顾忌、尽情享受啦！

NO.3 清洗黄金啦，Are you ready

"看，我刚买了一个金戒指，特漂亮。"好友 Linda 笑着朝正在翻看杂志的陶子晃了晃手，"你家那位当初送你的订婚礼物都有七年多了，你也该换换了吧！"陶子伸了伸懒腰，不以为然地说："七年怎么了？我还想以后把那金项链、金戒指传给儿媳妇呢。"Linda一听，大笑着说："虽然说真金不怕火炼，但你那些东西到时就老旧了，人家儿媳妇才不要呢！""才不是，我有办法将它们洗得跟新的一样，并一直新下去。"陶子说完将保存七年的金项链、金戒指拿了出来。还真别说，果真依然亮闪闪，跟新的一样。

【大家来分享——巧主妇无毒清洁术】

各种黄金制品并不十分娇气，但如果不细心保养，它们也会失去最初的光泽和魅力。如何让黄金始终光洁如新，也就成为了众多人孜孜以求的目标。那么，陶子是怎么做到的呢？

1. 肥皂抛光法

将肥皂制成糊状，均匀地涂在金戒指上。用抹布将金戒指包裹起来，静置 1~2

个小时。用柔软的毛刷轻轻地将肥皂刷除,再用清水加以冲洗,用软布擦拭干净,即可除去尘埃与积垢。

2.肥皂水清洗法

"洗一个金戒指需要那么长的时间啊!"Linda 吐了吐舌头,耸耸肩说,"这还真是一件麻烦的工作呢!"

"别急,我还有一招,可以快速地达到清洁效果。"陶子取出来一个干净的瓶状容器,准备清洗金项链。

将少量肥皂与温水制成肥皂水,放于干净的瓶状容器中,然后把金项链放入其中,将口盖紧,轻轻地抖动 5~10 分钟。取出金项链,用干布来回擦拭几遍就光亮如新了。

"注意肥皂以性质温和的为宜。擦拭、刷洗黄金制品的动作要轻柔,以避免金的重量减轻,造成损失。"陶子对 Linda 补充道。

> 黄金是必不可少的尤物,从戒指、项链、手镯到吊饰等,其迷人的金属光泽,均可提高你的高贵气质。精心地保养好它们,散发永不消逝的魅力吧!

NO.4 地板缝隙间的场景真令人咋舌

不久前,陶子的姑妈准备翻新家中的地板,当安装工人将打扫得一尘不染的旧地板撬起来时,眼前的景象令人咋舌:四散的虫卵、乱窜的蟑螂,以及黑褐色的灰尘……听说此事后,陶子也深受震撼,她意识到地板与地面之间的缝隙,原来也是重要的清洁之地。很快,她想出了一套清洁地板缝隙的方法,经实践确定有效后,她将其推荐给了姑妈。

【大家来分享——巧主妇无毒清洁术】

地板与地面之间的缝隙最不好打理了,用拖把根本拖不干净,加之常常被忽略,很容易成为鞭长莫及的卫生死角。有什么好的清洁办法吗？来看陶子是如何处理的。

第一步：先用吸尘器将缝隙间的灰尘和杂物吸干净。

第二步：若是污渍较轻，可用抹布蘸取少量的肥皂水擦拭地板缝隙。若污迹严重或缝隙较细，采用此法无效，可用牙刷或钢丝球轻轻刷洗。

第三步：用吸尘器吸干残留水分，保证地板缝隙的干燥。

经过这样的处理后，地板缝隙间就干干净净了，而且有利于延长地板的使用寿命。

快快检查一下，你家的地板与地面缝隙是不是看起来脏脏的、黑黑的？那就按照陶子的清洁方法，赶紧给它换一张新的"面孔"，将清洁工作进行到底吧！

NO.5 你家的洗衣机"洗澡"了吗

Linda 平时很爱干净，但最近陶子却发现她衣服上经常出现一些小黑点，便不解地问："你衣服上这是什么呀？""我家的洗衣机好像有毛病了，洗出来的衣服上脏脏的，还有很大的霉味。"Linda 欲哭无泪，"我又用手洗了一遍，还是不管事！""哦，原来是这样啊，我以前也遇到过。"陶子认真地说，"这是洗衣机在跟你'抗议'呢，你赶紧用肥皂给它'洗洗澡'吧。"

【大家来分享——巧主妇无毒清洁术】

洗衣机和我们一样，也是需要定期"洗澡"的，否则会成为藏污纳垢的好场所，洗涤过的衣物将变得更"脏"。今天陶子就给大家说说常用洗衣机"洗澡"的妙方，一点也不费事哦！

1.波轮式全自动洗衣机

加清水(水温35℃效果更好)至高位,将1/4块肥皂放入洗衣机,将程序设定至"洗衣程序",运转3~5分钟,使肥皂充分溶解。关闭电源,浸泡1小时左右,再按洗衣机标准洗涤程序清洗,可以观察到大量气泡产生,污垢浮出水面。最后,排除污水,用清水冲洗一遍就干净了。

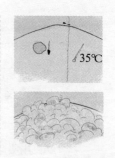

"你家的洗衣机是波轮式全自动的,这样清洁可以。但我家的是滚筒式全自动的,要怎么清洁呀?"Linda问道。陶子轻轻一笑,回答:"别担心,我一样有好办法。"

2.滚筒式全自动洗衣机

将1/4块肥皂放在一个容器中,加少量35℃水温的清水,反复搅拌几下,使肥皂充分溶解。打开"洗涤剂添加盒",将肥皂水倒入。跳过预洗设定,直接选择主洗,使洗衣筒旋转5~10分钟。关闭电源,排除污水,清洗过滤网,除垢清理完毕。如果洗衣机内部已经很脏,可重复此方法多洗几次。

一般来说,三个月左右就应该认真清洗一次洗衣机,以保持洗涤环境的清洁。而且,在每次使用完洗衣机后,最好用经过肥皂水湿润的海绵擦拭洗衣机内部,尽快将淤积的污垢去除。

NO.6 去掉头疼的不干胶,有什么好办法

表弟结婚时,借用了陶子家的新沃尔沃做婚礼花车,结果粘花的透明胶带在车上留下了很多胶痕,看起来很难看。陶子要用手清理时,突然看到刚新买的肥皂,她就用矿泉水倒在不干胶痕迹上,再用肥皂擦一擦,很快就将不干胶痕迹清除得一干二净了。后来,经过多次的实践,陶子家墙壁、家具上的贴图胶痕,皮包、鞋子上的标签胶痕等再也

不是烦人问题了。

【大家来分享——巧主妇无毒清洁术】

生活中我们常会用到透明胶带、普通胶布、双面胶等胶性物质，可是当撕掉它们的时候，被粘物品表面往往会留下难看的胶痕。这个时候，你不妨试一试肥皂的"本事"。

1.毛巾擦拭法

将毛巾放在温水中充分浸泡1分钟左右，用温湿毛巾在不干胶痕迹处反复擦拭几遍，使胶软化。在毛巾上均匀地涂抹上肥皂，继续反复擦拭痕迹处。擦的过程中要稍微用力，并来回擦拭，直到不干胶痕迹消失。最后，用干毛巾将肥皂沫擦净、擦干，问题就解决了。

开始时，也许你会觉得胶痕处越擦拭越脏，不要灰心失望，擦拭的时间长一点，你就能看见效果了。

2.牙刷刷洗法

如果不干胶痕迹很顽固、很难去除，可用肥皂均匀地涂抹在不干胶的表面，稍微待一会儿，然后用牙刷蘸取肥皂反复轻刷不干胶痕迹处，亦可清除掉这些痕迹。注意牙刷毛要柔软，不能太硬，以免刮伤被粘物品的表面，留下刮痕。

被不干胶痕迹困扰的朋友们，快快记住这个好方法吧！清洁效果非常好，而且没有任何损害！安全又安心！

NO.7 肥皂竟是油烟机盒的"大救星"

但凡沾上油的东西都不大好清理，更别说用来装废油的油烟机盒啦。油盒内没几天就存满了废油，黏附在盒底和四壁的油垢，清洗起来很难。但是，在陶子眼里，油烟机

盒却是最容易清洁的地方，她家的油盒也总是比别人家的干净。是她有什么高级清洁剂吗？不是！她只是有技巧地将清洁工作做在了前面而已。

【大家来分享——巧主妇无毒清洁术】

对健康来说，"防"永远比"治"重要。与此同理，清洁油烟机盒的最好方法也是一个"防"字。今天，陶子来和你分享一个小妙方，省力又环保。以后，再也不用抱怨油盒油腻难洗啦。

第一步：将适量的肥皂切碎，加少许温水，直到变成稀糊状，然后薄薄地涂抹在油烟机盒表面的四周。

第二步：在油烟机盒内倒入一层肥皂水，肥皂水的用量约为油烟机盒的 1/3。肥皂对油有隔离效果，这样从油烟机中滴下的废油就会漂在水面上，而不是死死凝结在盒壁上了。

第三步：将油烟机盒装到抽油烟机上即可。

待用过一段时间后，将油烟机盒拆下来，倒掉废油。只需用抹布轻轻一擦，油污就不见了。

现在油烟机盒是变得很干净，而且恢复了原有的光泽吧！这就对了，不过清洁工作结束后，不要忘了如法炮制、再接再厉哦，这样你家的油盒就总是干净清爽的了。

PART 12

香精油——在芳香中体验无毒生活

也许是因为自身职业的原因，美容师蓝澜对天然提纯的植物精油——香精油情有独钟，她不仅将香精油用于增强体香，而且还挖掘了它的种种清洁功效。的确，香精油独特的杀菌特性，要比化学清洁剂有效得多，而且不会对人体造成健康威胁。下面就是蓝澜为你整理的几个香精油清洁妙用。

NO.1 让房间空气清香一点吧

娅娅家通风不是很好，为了让居室空气好一点，她经常使用芳香剂。最近，她得了慢性咽炎，芳香剂强烈的味道总是熏得她咳嗽不止，别提多难受了，只好将芳香剂弃用。谁知，没过两天时间，房间空气就又变得怪怪的了。无计可施之下，娅娅只好"求救"于邻居蓝澜，蓝澜拿来了一瓶复合香精油，轻轻一喷，短短几分钟，就带来了气味的改善。

【大家来分享——巧主妇无毒清洁术】

化学芳香剂之所以能除味，是因为它用更强烈的味道盖住了原本的气味，是治标不治本。而精油因其杀菌功能，可以直接清理臭源，只需一点点就可以去除居室异味，给你无比的清香。

1.精油喷洒法

在喷壶中加入 1 升蒸馏水，滴入 5 滴柠檬精油、8 滴薰衣草精油、10 滴尤加利精油。充分摇晃喷壶，使香精油均匀地混合在一起。将复合香精油喷洒在

床、家具、书橱、地毯、衣服等地方，很快就能起到消毒除臭、改善空气的作用。

"复合香精油的选择并非固定不变的，你可以根据个人爱好自由调配。"蓝澜告诉娅娅，"调配不同的香精油，可得到不一样的清洁效果，制造出不一样的香味。"

2.精油薰香扩香法

为了让娅娅不再受居室异味的"骚扰"，热情的蓝澜还送给了她一个薰香瓶，并说平时自己最喜欢用这样的方法

来给居室添香,方法也很简单呢!

把含有微氧素的植物精油,如丁香、佛手柑、杜松,经漏斗倒入薰香瓶内至八成满。用精油将棉蕊头浸透,并平稳地安置于瓶口上,棉蕊放入瓶内。点燃棉蕊头,让火焰持续 2~3 分钟。盖上镂空盖,便可让室内香气四溢。

> 随着空调的普及,室内的空气环境每况愈下。许多"栖居"办公室的白领们也可以利用以上的方法洁净办公室空气哦!处在四周充满芳香气味的办公室中,特别能诱发快乐、愉悦的心情,减轻压力,激发创意。

NO.2 老鼠、跳蚤和蟑螂不敢再光临

整理书柜时,蓝澜发现最爱的一本书上破了几个小洞,一看就是被老鼠"光顾"了。鉴于尝试了网上各种防老鼠的办法,效果都不明显,蓝澜决定用薄荷精油试一试。当然,她之所以想这样做是有科学根据的,因为她刚知道了薄荷精油有驱虫杀虫之效。一段时间后,蓝澜在博客里发了一篇"战鼠归来,欢迎共享"的新帖子,看来她的新方法有了效果。

【大家来分享——巧主妇无毒清洁术】

用什么东西来防止老鼠、跳蚤和蟑螂的骚扰呢?相信大多数人都会选择樟脑。但放樟脑丸味道会很大,那有什么效果好味道又不大的东西?快试一试蓝澜的薄荷精油驱鼠法吧!薄荷精油除了抗菌除虫外,还能使空气芬芳清新呢!

1.放置薄荷精油花包

鞋柜、衣柜、橱柜、书柜、仓库等较为阴暗,都有可能成为老鼠、跳蚤和蟑螂的藏身之地。可先取一些晒干的花瓣,将 5 滴薄荷精油加在

干燥花里。然后,用透气的布或者丝袜把干燥花包起来,束口,做成香包,放在害虫经常出现的地方,能防止害虫的滋生。每隔一个月换一次香包。

2.喷洒薄荷精油液

在喷壶中倒入 50 毫升清水,滴入 10~15 滴薄荷精油,摇动喷壶使精油与水充分融合。将混合液喷洒在老鼠、跳蚤和蟑螂经常出没的地方,薄荷的气味可以保证它们"退避三舍"。薄荷精油的气味可维持半个月的时间,等气味消失后,就再喷一次。

如果你家有以上害虫出现,就照着蓝澜的方法做一做吧,效果很明显哦!
但是,这些都不是百分之百的解决办法,保持环境的洁净、干燥才是根本。

NO.3 香水还在影响你的行车安全吗

"你的车子里好香呀!用的是什么汽车香水?"一进蓝澜的爱车,好友楠楠就好奇地问道。蓝澜轻轻一笑,摇摇头说:"我可不用什么汽车香水,车内长期摆放化学香水会影响呼吸系统的健康,导致头晕、恶心等症状。"一听这话,楠楠着急了:"啊,我一直在车内放香水,果真这样的话,驾车多危险呀!""别担心,"蓝澜指了指收录盒上的一瓶漂亮高雅的精油水晶瓶,"有精油就够了,精油留香时间是普通汽车香水的 10 倍,能更有效清洁车内空气,而且没有一点副作用呢。"

【大家来分享——巧主妇无毒清洁术】

你还在受普通汽车香水的摧残吗?还在被酒精香水影响你的行车安全吗?快用天然的植物精油吧!它既能帮你解决车中异味,又能帮车内消毒,还能起到装饰作用。这么好的方法当然要介绍给所有爱车一族了。

1.喷洒车内装置

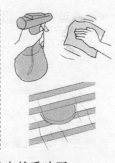

"汽车精油第一目标,就是除虫和杀菌,"蓝澜对楠楠说,"我大多会用檀香精油,檀香精油不仅气味怡人,消毒杀菌的效力更是比苯酚还强,是净化车内空气、消毒车内环境的首选。"

你只需要将"10滴檀香精油+50毫升纯净水"混合均匀,倒入喷壶中。边喷洒车内装置,边用软毛巾擦拭即可。最后,将滴有几滴纯檀香精油的化妆棉夹在车内空调出风口处,就能持久散发自然香味了。

2.扩香瓶自然散发

要想增加车内香气,茶树、尤加利、薰衣草、佛手柑、柠檬香茅、丁香、香茅等精油均是好的选择。而且,精油的味道大都可以兼容,你可以依据喜好选择使用。

准备一个玻璃瓶,加入1升的清水,再滴上15滴精油(1~3种精油都可)。用卫生棉堵住瓶口,将玻璃瓶放置在车内,让气体自由地挥发,2~3天后,精油香气自然存在于车内。如果担心精油会洒出来,你可先清理一下原有的空气芳香器,然后将精油直接滴上去,也可以收到同样的效果。

> 精油可以去除爱车异味,自动加香,还能让你时刻清醒,同时让你的皮肤不再受车内的有害气体所伤。让精油取代汽车香水,保护你的健康,抚慰你的精神,放松你的心情,做个愉快的驾驶人吧!

NO.4 跟地毯螨虫说 Bye-bye

最近,楠楠养的那两只小猫咪,脸部都长上了癣,据宠物店医生说是由于螨虫感染引起的。为此,楠楠感到不解。家里的地面每天都清洁得很干净,应该不会有螨虫,想来想去只可能是楼上地毯里藏有螨虫。想到螨虫一天不除,猫咪就一天不安全,楠楠立即新买来了几块地毯，把原来的旧地毯全都扔了。再看看，蓝澜也养着一只猫咪，但她从来不会为除螨"大打出手"，而是经常用精油对地毯进行简单的清洁，除螨效果非常好。

【大家来分享——巧主妇无毒清洁术】

家用地毯大多会生螨虫，螨虫一般为粉螨和尘螨，它们会排放出大量的过敏物质，导致皮肤发痒、鼻腔充血以及咽喉疼痛等。怎么可以轻松除螨呢？看一下蓝澜是如何巧用精油的吧！

1. 自制地毯清洁剂

在喷壶中准备 30 毫升纯净水，加入 10 滴丁香精油、10 滴薰衣草精油、5 滴藿香精油，将瓶口盖紧，保存 24 小时，让精油完全渗透，你就

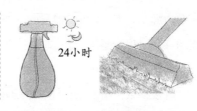

可以开始行动了。将复合精油均匀地喷在地毯上，10~15 分钟后，用吸尘器吸干即可。

2. 利用精油清洗地毯

先用吸尘器将地毯吸尘一遍后，放进地毯清洗机。在纸杯中滴入 10 滴迷迭香、10 滴青蒿和 10 滴薰衣草（较重污渍可适当增加精油量），调和。然后，将调好的复合精油倒进地毯清洗机的泡箱中，按照一般方式清洗地毯。地毯清洗后，用吸尘器将污物、泡沫一起吸除，放在太阳光下晒干就可以了。

> 要想让地毯带给你安然无忧的享受，应做到每周吸尘一次，每月清洗一到两次，每个季度进行除螨、杀虫一次的保养。

NO.5 茶树精油拯救脸上"开花"的 MM

今年 26 岁的王女士，在一家公司做财务工作。她说："现在知道了精油有祛痘的功

效,以后我再也不担心脸上长痘了。"原来两个月以前,王女士脸上又长痘痘了,而且特别严重,又红又肿的,还疼。后来,朋友带着她来到了蓝澜的美容院,蓝澜建议她使用茶树精油。以前王女士从未听说过精油能祛痘,她抱着半信半疑的态度试了试。想不到,两周后脸上的痘痘真变少了,以前的痘印也变淡了许多。

【大家来分享——巧主妇无毒清洁术】

由于工作、生活环境的原因,很多人脸上爱长痘,有的还出现红肿、发痒、疼,虽然抗痘颇为棘手,但还是可以治愈的。茶树精油可以辅助减少油脂的分泌,对抗细菌、霉菌和病毒等微生物感染,有效地清洁面部皮肤,对脸上容易长痘痘的妹妹非常适用。

1.直接点在痘痘上

直接将茶树精油滴在棉签或棉花棒上,点在痘印处或痘痘上。茶树精油具有消炎收敛之效,便可祛痘。如果痘痘已被挤破,还是先将精油稀释一下使用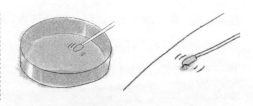
比较好。开始会有一点痛,等一会儿就好了,你会感受到痘痘收缩了。

2.作为洗脸水使用

在洗脸水中(热水为宜)滴入3~5滴茶树精油,用手搅拌均匀。按照正常方式洗脸,连续几天就会好很多。蓝澜建议王女士最好用浸泡过热水的毛巾敷在脸上,用热乎的蒸气熏熏脸,3分钟左右即可。这样不仅可以消毒祛痘,而且对去除角质、美白皮肤也有良效。

3.作为保湿喷雾用

对于时间紧张的上班族而言,你也可以利用精油制作喷雾式"化妆水",以备随时使用。在小喷壶中滴几滴茶树精油,再加入一些蒸馏水或是纯净水,进行稀释(浓度依个人需要配制)。洗完脸或者是日常补水时,将混合液均匀喷在脸上,轻轻拍打,至水分吸收。

茶树精油给你带来的是纯净、清爽、安全的美妙体验。长期坚持使用，可令你的皮肤白皙细腻、光润亮泽，轻松帮你找回原本属于你的美丽，让你自信满满做美人。

NO.6　火锅与衣物能不能兼得呢

对于蓝澜来说，约三五好友围着热气腾腾的火锅，吃着涮羊肉喝一壶小酒，是一件再美不过的事情了。可美过以后烦恼来了！火锅味都被吸到衣服里了，回家后，把衣物从里到外洗了个遍，隐隐还有恼人的火锅味。很长一段时间里，蓝澜都是一边高兴地吃火锅，一边苦恼地想着如何解决衣物上的火锅味。直到她跟着网友学会了一个好方法，以后再去吃火锅时，她一点顾虑都没有啦！

【大家来分享——巧主妇无毒清洁术】

不知道大家是不是有和蓝澜同样的困扰和麻烦呢？吃完火锅，尤其是麻辣火锅，衣服都会吸附浓浓的火锅底料味。吃火锅大多是在冬天，大衣、羽绒服等衣服洗起来不太方便！有什么有效又易行的方法可以去除异味呢？

第一步：在喷壶中倒入适量的热水，滴入 1~2 滴香精油（以薰衣草、柠檬为宜），摇匀。

第二步：将混合液均匀地喷洒在衣服上，让衣服微湿就可以了。

第三步：将衣服挂起来，放在通风的地方，自然风干后，再闻一闻，火锅味已经没有啦。

如果你和蓝澜一样爱吃火锅的话，这样的清洁方法无疑算是一个大福音了。下次吃完火锅后，不妨赶紧试一试哦！

NO.7 薰衣草帮你摆脱"香港脚"

"我老公是'香港脚',脚底是一片红疹,并且有龟裂、脱皮的现象。年年治,年年都发作,常常看到他抓个不停,烦都烦死了!"一个朋友忧心地对蓝澜说,"你能不能帮我推荐一个名医帮他根治啊?"蓝澜回答:"告诉你吧!这医生其实不难找,只要用薰衣草精油就可以了。薰衣草精油含有生物活性抑菌成分,可令霉菌难以生存和再生……"

【大家来分享——巧主妇无毒清洁术】

"香港脚"是足癣的一种,是由霉菌感染而导致的脚部脱皮、糜烂、发痒等症状。霉菌不易根治,连西医中的抗生素也无法达到根治目的。不过,你可以试试具有杀菌、干燥作用的薰衣草精油,它的治疗效用说不定会让你大吃一惊哦!

1.足浴法泡脚

"香港脚"让人奇痒难耐,香精油足浴可让你感觉舒服很多。

第一步:打一盆温水,水量(2~3升)没过脚面即可。在温水中滴入 4~6 滴薰衣草精油,浸洗 10~15 分钟。如果你的脚气严重,可适当加重剂量。

第二步:按照正常的方式泡脚就可以啦。不过最好用手蘸取这新型"洗脚水",不断地拍打、按摩你的足部,让皮肤尽量吸收精油。

第三步:用干毛巾擦干足部。

间隔 2~3 天如此做一次,大约做 10 次,不仅对治疗脚气有疗效,而且会让你的足部散发一股淡淡的薰衣草香味呢!

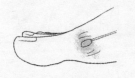

2.直接涂抹患处

将薰衣草精油滴在棉签或棉花棒上,直接涂抹患处。对于足趾缝隙发痒处,可用适量的棉签蘸取薰衣草精油,然后塞在足趾缝隙,以一条小小的胶布贴住。待精油自然风干后，撕去胶带，用热水泡脚。吸湿、除菌、止痒，轻而易举。早晚擦药，直到皮肤看起来完全正常，再擦两个星期，才可以停止。

薰衣草精油对于改善汗脚和臭脚的效果都很好。如此处理之后，一天之内脚都不会再臭，出汗量也会减少很多。闻着精油散发出的清新气味，身心一整天都会好舒展。

NO.8 精油去头屑，你听说过吗

一次同学聚会时，蓝澜和同桌兴致勃勃地聊着天，怀念着学校的美好时光。"咦，你头发上怎么看不到头皮屑呢？"突然，同桌盯着蓝澜的头发问道，"我记得上学那会，你的肩膀上时常是'雪花'飞舞，为此你每天早早起床洗头呢。"蓝澜笑着说："是啊，那时候头皮屑赶不走，挥不去，真叫一个苦恼啊。幸好有朋友告诉我一个香精油的洗头法，我只使用了三次头屑就少了。现在我经常用香精油洗头，再不担心头皮屑来干扰啦。""什么？香精油也能洗头？"同桌瞪大了眼睛。

【大家来分享——巧主妇无毒清洁术】

头屑困扰了太多人的生活，如何有效去除头屑是很多人苦苦寻觅的难题。如果你还为头屑烦恼不已，那就赶快试下用精油清洁、护理头发吧！效果超级好！不日即可跟头屑说再见。

1. 自制洗发液

取适量的洗发精（中长发使用量控制在 4~5mL 之间），直接滴入 3~5 滴茶树、百里香或迷迭香精油。用手揉搓几下，使精油均匀混合，就制成复合精油的洗发精了。将其涂抹在头皮和头发上，用指腹按摩头皮，长头发要分发线一区一区按摩。

20分钟后,用清水冲洗干净,一周两次。

2. 自制护发液

以前蓝澜尝试过很多去屑的护发液,但无论涂抹得再多、时间再长,去屑效果都不够显著。自从知道了香精油可以当护发液后,她每次只要用一点就实现了护发、去屑的双重奇效。快跟她学一学如何自制精油护发液吧!

第一步:在一定量的荷荷芭油(荷荷芭是一种护发的天然保养成分)中加入数滴迷迭香、薄荷精油(尽量使三者保持10∶1∶1的调配比例),制作成"去头屑调和油"。

第二步:洗完头后待头发稍干时,取大约10~15滴"去头屑调和油",将其涂抹于头发及头皮上,轻轻按摩。

第三步:按摩3~5分钟后,以毛巾或浴帽将头发包裹起来。约15分钟后,撤去毛巾或浴帽,用温水将头发冲洗干净即可。

荷荷芭油 迷迭香 薄荷精油
10∶1∶1

> 如此即可在近期内完全消除头屑困扰,而且备感头脑清醒,浑身舒适。洗头变成了一种健康、完美的享受,实在是妙不可言。

PART 13

蔬果——不可多得的绿色清洁剂

名如其人，Carol 是一个外向风趣又古灵精怪的女人。她经常尝试着将普通的瓜果蔬菜物尽其用，将土豆皮当做清除茶壶茶渍的"好帮手"，用西红柿给不锈钢做闪亮 SPA，皮鞋脏了就拿香蕉皮擦一擦……蔬果佳品+清洁琐事，这般不可思议的搭配方法，你肯定想不到吧！

NO.1 茶壶有茶渍? 放点土豆皮煮一煮

刘大爷是 Carol 所在小区的看管员,他烟酒不沾,唯独爱喝茶。无论走到哪儿,他都带着自己的茶壶,用久后,茶壶自然出现了一层黄茶渍。"唉,洗不掉喽,就像额头的皱纹一样。"平日里刘大爷总是这样说。但最近却发生了一件怪事:刘大爷茶壶上的顽固茶渍居然不见了,茶壶光洁如新。在人们的再三追问下,刘大爷乐呵呵地说:"要不是 Carol 告诉我,我还真不知道土豆皮能洗掉茶渍呢。"

【大家来分享——巧主妇无毒清洁术】

用土豆做菜,大多数时候都需要去皮,对吧? 那么土豆皮削下来之后是否就被你随手扔进了垃圾桶? 下次别再这样了,因为土豆皮并非一无是处,它可是清除茶壶茶渍的"好帮手",方便又有效。

方法 1

如果茶壶可以烧水,就把适量的土豆皮放到茶壶中,然后倒入清水,清水要没过土豆皮。然后,把茶壶放在火上,像烧水一样,加盖煮沸 5 分钟左右。接下来,把土豆皮倒出再用清水冲洗茶壶,一切就 OK 了。

方法 2

如果茶壶只能用于泡茶水,不能直接烧水,那就先将烧开的热水倒入茶壶中,再加入几片土豆皮。盖上茶杯盖,闷上 10 分钟左右。把土豆皮倒出,再用清水洗净茶壶,茶垢很容易就被洗下去了。

土豆皮为什么能清除茶渍呢? 原来茶垢的主要成分是不溶于水的碳酸钙,而土豆

皮里含有大量的淀粉,当遇到高温时,淀粉会形成具有吸附和去污能力的胶体溶液,能有效分解碳酸钙,这便成为去茶渍的好材料了。

> 茶渍里面含有铬、铅、砷等多种对人体有害的重金属物质,所以一定要记得经常清除茶具里残留下来的茶渍,为健康负好责任。

NO.2 给红太狼支个招,如何清理平底锅

随着动画片《喜羊羊和灰太狼》的热播,Carol 和众多年轻女性一样,将"新好男人"灰太狼当做了梦中情人。为了时刻提醒老公博要向灰太狼学习,Carol 还特意新买了一个平底锅。但是,用久后平底锅变脏了。如何让平底锅始终光亮如新呢?为此,Carol 特意"钻研"出了一个清洁好窍门,以后再不用担心平底锅变脏了,她还想着怎样才能将这个"秘密"告诉灰太狼呢!

【大家来分享——巧主妇无毒清洁术】

现在,很多人都用平底锅炒菜或做烤肉。但平底锅使用后,内壁往往十分油腻,有时更会粘住一些食物,难以清洗。如果用力刮的话,又会使平底锅受损。你是不是很想了解 Carol 的清洗窍门呢?跟着做一做吧!

1.用葱头切面擦拭内壁

将洋葱去皮,一分为二竖切开,用筷子或叉子叉起半个洋葱。趁平底锅还热的时候,用洋葱切面用力地擦拭平底锅内壁。如此就可以去除平底锅上的污物,既省水,又方便。

2.高温煮洋葱片

对于较为顽固的污渍,直接用洋葱切片恐怕很难将之擦掉。这时,你可在用过的平底锅中放入一些切开的洋葱片,加水加热。煮开 20 分钟左右,你会发现,锅上的污

渍变淡了。将水和洋葱片倒掉,再用百洁布擦拭,污渍很容易就被擦掉了,还能除去腥味。

不少家庭主妇不爱用洋葱做菜,因为切洋葱时会让人流眼泪,而且洋葱有较强烈的气味。不过,在切洋葱前,如果先将菜刀在清水中浸泡几分钟的话,就能避免这些问题了。

NO.3 让西红柿给不锈钢做一个闪亮 SPA

这天,好友王婕带着女儿甜甜来 Carol 家"蹭饭"。甜甜吃饭时,扑闪着大眼睛问 Carol:"阿姨,你家的餐具怎么这么亮呀?"Carol 拍拍甜甜的小脑袋,笑着说:"因为这是不锈钢的啊!"王婕也停下了筷子,不解地问:"现在谁家不用不锈钢的啊,怎么我家的就没这么亮?你用什么清洁剂?""清洁剂会腐蚀不锈钢表面。"接着,Carol 补充道,"用西红柿就能让不锈钢变亮,这就是我的秘诀。"王婕又惊又喜:"真这么简单吗?西红柿家里有的是啊,回家后我也要试一试。"

【大家来分享——巧主妇无毒清洁术】

厨房不锈钢的餐具、水龙头、灶台、菜刀……用久了之后,即使平时清洗得再干净,表面也会失去原来漂亮的光泽。遇到这种情况,你都是怎么办的呢?不妨试一试 Carol 省钱又环保的方法,你会发现不锈钢制品在瞬间焕然一新了,很神奇吧?

方法 1

将一个西红柿捣烂成泥,均匀地撒在湿的不锈钢制品的表面,停留 10 分钟左右,再用软布或纸巾擦洗。冲刷擦干之后,不锈钢就像刚做完 SPA 一样,光亮如新了。

方法 2

将一个西红柿切成两半,用果肉的那一面反复擦拭不锈钢制品的表面。然后,用清

水将不锈钢表面清洗干净,也可起到同样作用。

如果你家里有过期的番茄酱的话,可不要将它扔掉哦。番茄酱和西红柿一样,亦可收到清洗不锈钢的功效。

也许,你要问了:小小的西红柿怎么能"对付"干硬的不锈钢呢!告诉你吧!西红柿中的醋酸成分会与不锈钢金属发生反应,这就是不锈钢能恢复光亮色泽的秘密。

如果你家的不锈钢餐具或厨具很脏、很黑或者是很油腻,那一定要先彻底清洗干净才行。因为西红柿清洁法,仅仅能恢复不锈钢厨具的光泽,可不能去脏、去油腻哦!

NO.4 菠菜洗衣好白净!太棒了

好友小痕一见 Carol,就笑着打招呼了:"这是你新买的白衬衫吗?真白净,整个人看上去清爽多了!"Carol摇摇头:"不是啊,这是去年的。""啊!去年的!怎么跟新的一样!"小痕一副不相信的表情,"怎么我的白衣服放几个月后,再拿出来就发黄了,连漂白水都洗不干净?""清洗白色衣物可是有窍门的,我都是用菠菜洗!"Carol笑着说道。"什么?菠菜?"这下,小痕彻底被雷住了!

【大家来分享——巧主妇无毒清洁术】

白色衣物既时尚又传统,既严肃又性感。基于此,不少人都喜欢穿。但白色衣物穿久了、放久了就会出现难于洗掉的污渍,看上去很不好看,丢了又心疼,怎么办呢?试一试 Carol 的菠菜洗衣法吧,一定会帮你把白色衣物洗得更白,并且始终洁白如新。

第一步:准备一把新鲜的菠菜,用清水洗净。

第二步:在干净的锅里,加入 2 升左右的清水,开火加热。水烧至滚烫后,将洗净的菠菜下锅焯烫,大约煮 3 分钟,捞出菠菜,留下焯菠菜的水待用。

第三步:煮菠菜的水晾凉后,倒入盆中。把白色衣物有污渍的部分放入水里揉搓 2 分钟左右,再浸泡约 5 分钟。

第四步:捞起衣物,用清水洗净,然后按正常的洗衣程序洗涤,晾晒,就大功告成了!

等衣服晾干后,你会发现,本来发脏、发旧的衣物,竟又恢复洁白干净了!

"等等,直接用烧开的菠菜水浸泡衣服,会不会效果更好呢? 热水去污能力不是更好吗?"小痕像发现新大陆似的,有些兴奋地问。

Carol 摇摇头:"不行,在这里一定要是经过热水滚烫后再变凉的菠菜水,因为这样才有草酸,我们正是利用草酸对付污渍的。"

如果白色衣物较多的话,你也可以用菠菜烧出一大锅的水来,然后根据衣物的质料,控制时间的长短,一件接着一件地清洗,白衬衫、白 T 恤、白裤子等一网打尽!

NO.5 房子装修好了,如何快速消除油漆味

刚装修完的新家很是漂亮,但刺鼻的油漆味却使 Carol 和老公博头昏脑涨,很不舒服。尽管市场上有形形色色的香水卖,但 Carol 却看不上,对付油漆味她自有妙招。她到水果市场上挑了几个又新鲜又好看的菠萝放在了各个房间里,菠萝的香味顿时飘了起来,油漆味逐渐消失了。"这几个菠萝我才花了不到二十块钱,放了不过两三天,它就把房间里的味'吸'光了。房间里干净、卫生,心情也就跟着舒畅了。"Carol 笑着说。

【大家来分享——巧主妇无毒清洁术】

新家刚装修完,浓烈的油漆味一定会影响入住的心情。许多人认为,除了开窗散味,好像就没有更好的办法了,其实不然。你尽可用这招——菠萝! 菠萝不仅能 "吸" 走油

漆味,还可散发清香味道。

1.置物去味法

将买回的菠萝削皮、破肚,分别放在每个房间中,大的房间可多放一些。菠萝是一种粗纤维类的水果,香味又极浓,连续几天后,它们就可以把难闻的油漆味"吸"光光了。

2.擦洗去味法

巧用菠萝皮也是一种去油漆味的有效方法。直接用切下来的菠萝皮,将房间内的地板、衣柜、桌子等擦拭一遍。再用抹布蘸取少量的清水加以擦净,油漆味也会消除得快一些。

在家中养一些绿色阔叶类植物,如吊兰、芦荟等,也有助于吸收油漆味和缓解油漆味的浓度,帮你早些摆脱油漆味的折磨哦!

NO.6 西瓜皮别扔,拿来去油污最好不过了

"天气热,我们家几乎每天都吃西瓜。不过,吃完的西瓜皮却很少直接丢掉,而是先做一番大利用。西瓜浑身都是宝,真的挺有用。"一提到西瓜,Carol 总是这样对别人说。原来,前段时间 Carol 在书上了解到西瓜皮中含有一种粗脂肪,其成分可以和油污结合,达到去油污的效果。想着西瓜皮能去油,她就尝试着用它擦了擦锅盖上的油污,没想到效果好极了。

【大家来分享——巧主妇无毒清洁术】

西瓜是夏日里的消暑佳品。在酷热时节,吃上两块汁甜味美的西瓜,顿时会觉得清凉解渴、暑意顿消。不过,在吃完瓜瓤后,千万不要急于将西瓜皮扔进垃圾桶了哦。关于西瓜皮的清洁效用,Carol 这就告诉你。

1.厨房油污的清洁

切去吃剩下的瓜瓤,用清水冲洗一下西瓜皮,可直接用白皮(西瓜皮的内侧)擦拭锅面、灶台、砧板等处的轻微油污。擦过以后,用清水一冲洗,整个清洁面显得光鲜锃亮,而且没有丝毫的划伤痕迹。

2.清除面部的油污

多次用西瓜皮擦拭过厨房用具后,Carol 突然冒出一个大胆的设想:既然西瓜皮可以轻松去除厨房油污,那么面部油污是不是也能"对付"呢? Carol 立即开始行动了,一段时间后,她发现脸上的油脂少了,皮肤还变得水灵灵的。

第一步:将西瓜皮洗干净,刨去青皮,剩下白皮。

第二步:用刀将白皮剖成 2 毫米厚薄的薄片,大小均可。

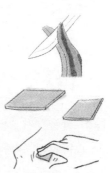

第三步:将西瓜皮片均匀地敷贴在面部上,轻轻按摩脸部肌肤。油脂较多的鼻翼、脸颊处可适当加些力度。

第四步:大约 5 分钟换一次西瓜皮片,共换 4 次,然后用清水冲洗脸部,可达到去除油脂、补水爽肤的功效。

> 学会了以上西瓜皮的妙用方法,以后你就不会把西瓜皮当做家里无用的垃圾了吧! 看见哪里有油污就擦到哪里,非常方便,而且环保又健康!

NO.7 用香蕉皮擦皮鞋,顿时足下生辉

"天啊! 你在干什么? "Carol 正给博擦鞋时,博大叫道。原来,此刻 Carol 手中拿的"鞋擦儿"竟然是几块吃剩的香蕉皮。"嚷什么嚷,这可是我刚学会的擦鞋新方法,它比鞋油还要好呢。看我对你多好,好事都是先让你占。"Carol 头也不抬,低声嘟囔道。博摇摇头:"香蕉皮也能擦皮鞋? 你别瞎说了! "但很快,他看到皮鞋不仅变干净了,而且比以前还亮了不少呢。

【大家来分享——巧主妇无毒清洁术】

"香蕉皮也能擦皮鞋？"这是不是让你既感到惊讶又表示怀疑。但事实上，香蕉皮中含有鞣质，与皮革上的污渍相互吸引，既能除污又有抛光作用，还能保养皮面。以后皮鞋再遇到难擦掉的污渍，就像 Carol 一样把香蕉皮当"鞋擦儿"吧！

1. 用香蕉皮擦拭

吃完香蕉以后，顺手用香蕉皮的内侧，反复擦拭皮鞋的皮面。擦拭时要向同一方向顺擦，方可使纹理顺畅。等 1 分钟后，再用干布加以擦拭，可除掉鞋面上的污迹。最后打上鞋油，皮面洁净、光亮，犹如新鞋。

2. 用香蕉根部涂抹

吃完香蕉，根部剩下的那点，你就不要浪费了，把它捣成泥浆状，直接均匀地涂抹在皮鞋上，晾 10 分钟左右。再用干布擦净香蕉屑，打上鞋油，也可收到同样的良效。

其实，在平时你就应该多用吃剩的香蕉皮擦一擦皮鞋，做好清洁与保养工作。否则时间一久，要清理就不会那么容易了。

NO.8 "无用"柚皮也能让满室飘香嘞

博一直很喜欢吃柚子，一年四季 Carol 家的柚子是从不间断的，厨房垃圾桶里总是不少见柚子皮。一天，Carol 收拾垃圾桶时，觉得这些柚子皮皮香味浓，应该也能清洁空气吧。结果一试用，还真管事。自此，无论什么时候走进 Carol 家，你都能闻到一股淡淡的柚香了。

【大家来分享——巧主妇无毒清洁术】

秋冬干燥季节，清甜爽口、润燥除烦的柚子就成了大家的"桌上宾"。很多人对厚厚的柚皮不以为然，剥完就随手丢弃了。其实，柚子皮并非无用，它是最佳的居室空气清新剂呢，能让满室飘香，使人清爽提神，亦可驱逐蚊蝇。

1.将柚子皮切块存放

将柚子皮内层的白筋撕下，置通风处，待干硬时，将皮切成小块。将柚皮放在透气性较好的网袋或纱袋中，打结绑紧，放入房间的各个角落。柚子皮厚耐藏，一般可存放三个月而不失香味。

2.制作一个柚子灯

Carol是一个有着浪漫主义情怀的主妇，她还利用柚子皮制作了一个漂亮的柚子灯呢。一到晚上，Carol就喜欢将它放在卧室里，电灯一关、蜡烛一点，温馨、浪漫的情调自然生成。

第一步：先用水果刀把柚子稍小的一头切掉一点，挖掉顶部的一部分皮。

第二步：找到中间点，用刀从一头划向另一头，均匀地大概划个五六下。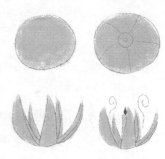

第三步：把皮顺着刀痕向四面剥开，小心地取出柚子瓤，这样就做成了一个柚子灯台。

第四步：在柚皮底部点上蜡烛，火光一熏，不但芳香浓郁，而且黄灿灿的特别漂亮。

柚皮性温、味辛苦甘，不仅可作为居室里的空气清新剂，而且还有清热去火、养颜美容、润喉止咳、预防感冒、帮助消化等功效呢。

NO.9 "魔术"橘皮"变"成了清洁抹布

对于有心的 Carol 来说,好看、好吃、营养丰富的橘子从里到外都不能浪费,橘子皮虽小,照样也能变很多的"魔术",橘子皮现在就开始变、变、变……你瞧,没一会儿,Carol 家里的桌子、家具、地板等便统统焕然一新了,就连那些雕花家具也不例外,真是神奇啊!

【大家来分享——巧主妇无毒清洁术】

橘子几乎是我们一个秋冬都在吃的水果,但是谁又注意了那些被剥下的橘子皮?殊不知,橘子皮中含有的柠檬酸有分解污垢的化学作用,是天然的清洁抹布。现在就跟着 Carol 一起变"魔术"吧!

1. 直接用橘子皮除尘

把橘子皮揉搓后,可以直接用内侧擦拭地板、家具上的尘土,一周一次,便可长久洁净。特别是清洁有细致的图案、花纹的物体时,小片、柔软的橘子皮能更容易地深入雕花部分,彻底将尘土擦拭干净。

2. 橘子皮水可除垢

对于一些深层污垢,有时橘子皮的擦拭效果不是特别明显。这时,可把 2 升清水煮开后,将 5~6 个橘子的皮放在里面,大火煮开后转小火,慢

慢地就可以把橘皮里面的果油熬出来了。晾凉后,把抹布放在橘子皮水中浸泡几分钟,微微拧干,就可以用来擦地板、擦家具了。

短短几分钟后再来看,地板、家具上的污垢是不是消失不见了? 特别是对木制家具而言,又光洁如初了! 不过,白木家具可不能使用这种方法哦,因为橘子皮可能会致其变色。

PART 14

无毒清洁术中的绝妙组合

进行居家清洁，也是一件需要创意的DIY乐事儿！当小苏打遇到醋、香精油或者牙膏，当柠檬搭上醋，抑或盐……你知道会发生什么奇妙的现象吗？现在，就和巧主妇们一起分享这些绝妙组合中的神奇清洁功效吧！

●小苏打+醋

排水口脏了、宠物宝贝发臭、白球鞋洗不白……遇到这些情况，具有除臭杀菌效果的"小苏打+醋"可以马上大显身手了。而且，这对天然素材的结合非常安全，你大可放心使用。

NO.1　不脏手的排水口清洗法

"大伯，您这是干什么去了？怎么手这么黑呀？"王翘翘看到大伯后，一眼就瞧见了那双黑糊糊、油腻腻的大手。大伯笑笑说："下水道脏了，我刚清洗了一番，这不就弄脏了手。""大伯，我告诉您吧，其实清洁下水道不用这么费事。"王翘翘指着厨房说，"有小苏打和醋就可以了！按照我的方法，您可以一边喝茶一边清洁呢。"这下，大伯好奇了："真的吗？那你快说说怎么做。"

【大家来分享——巧主妇无毒清洁术】

日常生活中，厨房和洗手间的下水道如果不能得到及时的清洁，排水口就会变得黏糊糊的，甚至发出一种恼人的味道。你家也是这样吗？快来试一试下面不脏手的清洁方法喽。

1.清洁下水道排水口

取出排水口的过滤网，用牙刷清除干净上面的脏物，特别是缝隙处。在过滤网和排

水口上，撒些小苏打粉末，静置3~5分钟后，用刷子进行刷洗。刷洗干净后，用清水清洗一下，再在上面喷洒一些醋水便可以了。

2.清除下水道怪味

王翘翘一闻，大伯刚清洗过的排水口还有异味，便用微波炉加热了1杯醋。她拆开排水口盖，向排水口倒入一杯小苏打粉末，又将热醋缓缓地灌入了排水口。不到1分钟，排水口便开始不停地往外翻沫。

接着，王翘翘告诉大伯："过两三个小时后，您用一盆热水将排水口浮起来的污垢冲洗掉，就会发现排水口的异味消失了，而且下水道也变得通畅了许多呢。"

清洗排水口每两周一次，或一月一次都可以，看你自己方便。下水道干净、没异味了，双手也没有变脏，你瞧这样的清洁法多好！

NO.2 让心爱的宠物宝贝香喷喷

王翘翘养着一只叫小白的哈巴狗，小白毛色雪白、活泼爱动，很是惹人喜欢。夏天潮热季节，别人家的宠物多少都难免会发出臭味，尤其是大小便后。令朋友们不解的是，王翘翘居然很少带小白去宠物店做清洁。但小白不仅没有臭味，而且还时时散发出一股香喷喷的味道。这是为什么呢？

【大家来分享——巧主妇无毒清洁术】

与宠物在一起生活，最大的问题就是宠物身上的气味了。如果你偷懒或是粗心的话，宠物身上会散发出臭臭的味道，甚至无时无刻不影响着你和居室环境。怎么能让宠物变香呢？其实，你只要用小苏打和醋就可以了。

1. 清洗宠物的毛发

将小苏打均匀地撒在宠物全身的毛发上，一边刷洗一边去污。在1升温水中加入1/3袋醋配制出醋溶液，将毛巾在微温的醋溶液中浸泡，拧干，轻轻擦洗宠物的全身。

2. 宠物大小便的处理

宠物大小便留下的恶臭经常令人苦恼不已，其实这时候你可以这样做：马上擦掉地板上的污物，撒上小苏打，并在旁边喷洒醋水。放置

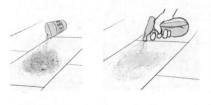

一晚后，用抹布擦去残留的污垢，大小便的臭味便都消失了。

3. 宠物坐垫的清洗

在洗涤宠物的坐垫时，在水中加入几滴醋，浸泡15分钟左右，可有效消除异味。坐垫晾干后，在上面均匀地撒上小苏打，

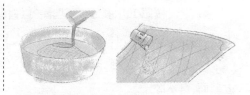

保持3分钟，然后用吸尘器将小苏打吸干净，可以使除臭效果明显提高。

现在看看你的宝贝宠物是不是已经变得更清新宜人、香气逼人了呢！快和它亲密地拥抱一下吧！

NO.3 如此刷完了，白球鞋的确很干净

"唉，我那个儿子啊，总不让人省心，又不知道心疼父母。"午休时同事刘女士跟翘翘抱怨道。"刘姐，怎么这么说呢？是不是儿子惹你生气了？"翘翘问道。"我上个月刚给他买了双白球鞋，这不，他又跟我要新鞋了。"刘女士叹了口气，继续说道，"不过也是，白

球鞋洗上四五次就发黄了,怎么都刷不干净,穿着也怪难看的。""不用买新鞋,"翘翘笑着说,"我有好方法能将白鞋刷得白白净净,而且非常简单呢!"

【大家来分享——巧主妇无毒清洁术】

提到白球鞋,你可能也有过同样的烦恼——白球鞋怎样刷洗都不干净,晾干后又总会留下大大小小的黄印。用什么妙招可以轻松去除黄渍,让洗过的白球鞋像新的一样呢?不妨试试王翘翘提供的这个窍门吧!

第一步:把小苏打粉末撒在白球鞋有污渍的地方,然后用牙刷轻轻刷洗,在刷污渍的时候一定要轻,2~3分钟就可以了,以免在鞋子上刷出印迹。刷好了,看看,小苏打粉末已经从白颜色变成黄褐色了,这说明污渍已经刷下来了。

1升水 4汤匙醋

第二步:按照1升水对4汤匙醋(以白醋为宜)的比例配制成醋水,把洗好的白球鞋浸泡在醋液中3~5分钟。

第三步:把球鞋拿到阳台上,放在阴凉通风处,并且用卫生纸盖上鞋面,自然晾干。

> 白球鞋晾干了,和洗刷前做个对比,看看怎么样。污渍没有了,的确很干净,效果显而易见哦!这个窍门很成功吧!

NO.4 玻璃窗晶莹剔透的奥秘是什么

王翘翘现在住的是单位分配房,安有老式的玻璃窗。每当有朋友来找王翘翘时,门口的李大爷总是眯着眼,指着6层说:"看到了吗?那个最干净、最明亮的玻璃窗。那就是她家,准没错。""你家的玻璃窗是请哪家清洁公司擦的呀?怎么这么干净?"朋友们总这样问翘翘。这时候,翘翘总笑着回答:"玻璃窗是我自己擦的,因为我懂得擦它的奥秘。"

【大家来分享——巧主妇无毒清洁术】

用清洁剂很难将玻璃窗上的灰尘擦干净,常会残留一些雾状的痕迹。怎么办呢?不妨将小苏打和醋混合在一起使用,只需短短的几分钟,就可令模糊的玻璃窗明亮一新,犹如"重获新生"。具体方法如下:

1.窗户玻璃的清洁

在喷壶中倒入适量的小苏打水,加入 1/4 杯醋,搅拌均匀。用喷壶将混合液喷洒在玻璃上。待其晾干后,用干抹布擦拭。如果污渍顽固,可在喷上混合液后,粘上保鲜膜,使凝固的油渍软化。大约 10 分钟后,撕去保鲜膜,再以干布擦拭即可。

2.窗纱的清洁

清洗窗纱时,很多人都习惯将窗纱拆下来,再彻底清洗。不过,王翘翘可没有将窗纱拆下来过。因为她有一个无须拆窗纱,就能彻底将窗纱清洗干净的简单方法。

将刷子用清水打湿,在上面撒上小苏打粉末,由上往下刷洗窗纱。待窗纱干净后,再用湿抹布或湿海绵轻轻擦拭窗纱,将残留的小苏打粉末擦掉。再均匀地喷洒上一层醋水,最后以抹布擦拭干净。

3.窗户导轨的清洁

窗户缝隙的导轨处也是容易堆积灰尘的地方,应及时予以清洁处理,但清洗起来却是非常费事,怎么办呢?

先用卫生筷或者竹签将窗户导轨处的灰尘刮出来,再用吸尘器将上面的灰尘吸干净。把小苏打粉末和醋制成糊状物,用牙刷蘸取糊状物刷洗窗户导轨,直至污垢消除,再用干净的抹布擦干即可。

玻璃之所以容易脏,是因为有静电的缘故。用小苏打和醋水配合清洗,可有效防止静电的产生,在玻璃与灰尘之间形成"隔离带"。多多练习几次,你会发现清洗变得越来越简单。

●小苏打+香精油

小苏打具有较强的分解污渍的能力,而香精油具有抗炎杀菌、改善空气的功效。使用小苏打和香精油,去污、消毒、增香统统到位,清洁工作将变得轻而易举、生动有趣!

$NO.1$ 让鞋柜以诱人的芳香迎接客人

"哇,你们家怎么这么香呀?"一进 Honey 家的门,邢妍就感到一股清香扑鼻而来。Honey 笑而不答,招呼着邢妍快进屋。邢妍低头换拖鞋时,发现这股香气居然是从鞋柜发出来的,她有些惊讶:"不会吧!别人家的鞋柜都是又臭又湿的,你家的鞋柜怎么还有香味?!"打开鞋柜,邢妍看到几个小香包安静地放在里面,她拿起来,好奇地问:"就是因为这个吗?"Honey 点点头:"对,这是我利用小苏打和香精油制作的香包。"

【大家来分享——巧主妇无毒清洁术】

鞋柜是放鞋子的地方,里面不仅有鞋子带来的脏东西,而且也是容易受潮的地方。这时可以借助小苏打的除臭、吸湿作用将臭味予以消除,若加上香精油的杀菌作用,效果会成倍增长。

从鞋柜里取出鞋子,用刷子将鞋柜上的灰尘、沙土等脏东西全部清洗干净,这是前提工作。

方法 1

第一步:取出 4 汤匙小苏打,将 15~20 滴左右的香精油(以茶树、薰衣草香精油为宜)滴入,搅拌均匀。

第二步:从无用的旧衣物上剪下一块长约15cm、宽约10cm的布料。

第三步:将滴有香精油的小苏打放到布料上,用橡皮筋或细绳扎紧袋口,做成香包,放在鞋柜里。

如果你家的鞋柜透气性不好或者异味较大,可以多做几个这样的香包,每层放一个,每个月更换一次。

方法2

如果你家的鞋柜污垢、臭味较严重的话,也可以采取下面的方法:

第一步:用纸杯或者小盘取出一些小苏打粉末,滴入香精油(以茶树、薰衣草香精油为宜),再加入少量的清水,搅拌,调制成小苏打糊。

第二步:将小苏打糊涂在鞋柜脏污处,待半小时后,用牙刷轻轻刷洗干净,即可有效达到去污、除臭的目的。

第三步:将小苏打粉末配制成小苏打水,滴入几滴香精油,搅拌几下,用抹布蘸取混合液,将鞋柜内外与门板全部擦拭一遍,让其风干。

鞋柜一般都放在进门处。若走进屋就闻到鞋柜散发的阵阵香气,一定会让人有好心情。赶快准备一下吧,用诱人的芳香迎接你的客人!

NO.2 自制洗洁精,餐具再脏也不怕

由于中午在公司食堂吃饭的人多而杂,那里的餐具有时用手一摸黏糊糊的。不得已,人们只好自己重新清洗,但是洗了之后,手上却沾满了油,别提多难受了。食堂虽然加大了清洁力度,但效果不显著。倒是 Honey 有一个妙方,轻轻一擦就能消除餐具上的污渍,干净如新,而且不粘手。开始时,同事们都纷纷向 Honey 讨教,后来连食堂工作人员都跟着 Honey 学习了起来!

【大家来分享——巧主妇无毒清洁术】

餐盘用久之后,难免会出现油腻重、黏结牢、结硬块等特点,清洗起来又比较费劲。

此时，用小苏打粉末和香精油就可以让它们重新光亮洁白。Honey用的就是这种方法。

方法1

第一步：先用清水冲去碗盘中的残渣，取2~3汤匙的小苏打粉末，放置在干净的器皿中。

第二步：将香精油（柠檬精油或柑橘精油），分散地滴落在小苏打粉末上，8~10滴即可。用手指直接搅拌几下，就可以作为洗洁精备用。

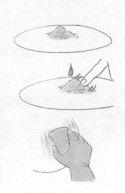

第三步：用抹布或海绵蘸取混合物清洗碗盘，很快就可以去除上面的脏污。

方法2

在锅中，将1升水与3汤匙小苏打粉末配制成小苏打水，高温加热。煮沸后，滴入10~15滴香精油（柠檬精油或柑橘精油）。再将餐具放入锅中蒸煮30秒左右。将餐具取出后，用干布轻轻一擦，即可擦掉污垢。

柠檬精油、柑橘精油都有软化油脂的效果，可帮助洗去餐具上的油脂并能抗菌，与小苏打一起使用，更能加速污垢的分离。

家庭使用餐具以白色为佳，不要为了美观购买那些色彩鲜艳的瓷器。因为彩色瓷器表面有一层釉，遇到酸性食物、遇热等都会导致铅、金、银等有害物质的溢出，危害人体健康。

NO.3 空调"变脸"，吹出了香气风

最近，Honey发现自己家的空调经过长期使用之后，积压了很多的灰尘，同时还隐隐有一股难闻的味道。不过，既然Honey能对付得了鞋柜，空调自然也就不在话下。当她用心地清洗了一番空调之后，嘿！空调立刻恢复了白净，给人焕然一新的感觉，就连

吹出来的风都带着淡淡的清香呢。

【大家来分享——巧主妇无毒清洁术】

健康、节能、时尚的空调渐成为流行趋势,让自家的空调变得时尚、健康不会再是一个奢侈的梦想,而你所做的就是在众多的清洁方式中找到最佳的那一种,与它牵手。来看一下 Honey 是如何做到的。

1.空调外壳的清洁

使小苏打粉末充分地溶解在温水中,用抹布蘸取小苏打水,润湿了就可以。在抹布上滴 2~3 滴香精油(根据个人爱好选择香精油的类型),反复地擦拭空调外壳。最后,用干净的抹布擦干净就可以了。

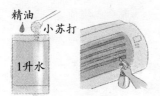

2.空调内壳的清洁

在 1 升水中,加入 2 汤匙小苏打粉末、几滴香精油,装在喷壶中摇匀。断开空调电源,打开盖板,卸下过滤网。将混合液均匀地喷在空调蒸发器的进风面,就可以了。如果污垢过多,可用湿布擦拭一下。

3.空调滤网的清洁

在一个盆子里倒入适量清水,将小苏打粉末溶入水中,滴入几滴香精油,用手搅拌几次让其充分溶解。将滤网放置在盆子中,用刷子蘸取混合液轻轻地刷洗滤网,再用干净的抹布擦干即可。

最后,装上过滤网,盖上面板,静置 10 分钟左右。开启空调并把风量及制冷量调至最大,保持开启空调 30 分钟,就可以了。

如此清洗后,空调蒸发器中的灰尘、污垢、病菌都不见了,这样才能创造一个洁爽、清新、健康的空气环境,你和家人的健康也就得到了保证。

● 小苏打＋牙膏

牙膏中含有碳酸钙，小苏打的主要成分是碳酸氢钠，将牙膏和小苏打混合使用，有很好的美白效果。基于此，家里哪里黑了、脏了，唐雯都会第一时间"求救"于这一对清洁好搭档。

NO.1 防水边条上有了黑斑，你该怎么办

前几天，有个朋友打电话给唐雯说她家厨房水槽边缝上的硅胶黑糊糊的，使用过漂白水处理，但效果不理想。想铲掉重补，可里面缝隙很大，担心会有脏东西进去，变更脏了。唐雯一听，嘿嘿一乐："清洗硅胶可是小菜一碟，我自己已经清洗过好多次了，效果非常不错呢。"朋友听后迫不及待地催着唐雯赶紧给她家"施施工"吧！

【大家来分享——巧主妇无毒清洁术】

由于长期处于潮湿的环境下，水槽四周的防水硅胶条上不可避免地会发霉、发黑，看起来很恐怖。是否有什么好用的清洁方法呢？和唐雯一样利用小苏打和牙膏吧！

第一步：用小苏打粉末和清水配制成小苏打水，装在喷壶里。将小苏打水均匀地喷在防水边条上，静待几分钟。

第二步：抹布蘸上牙膏，反复擦拭发黑、发霉处，直到将防水边条擦拭干净。

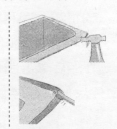

第三步：用一块干抹布将防水边条擦拭干净，并随时保持干燥。

当然啦，浴缸、马桶、橱柜啊等居家用品旁边的防水硅胶条上的污垢，都可以用这样的方法来清洁。

NO.2 让咱家的煤气灶永远洁净吧

前段时间，由于一直忙于工作，唐雯都没有时间搞厨房卫生了，尤其是煤气灶已经变得黑兮兮的了。所以，周末吃过早饭，洗刷完碗筷后，唐雯取出一些小苏打粉末、一盒牙膏，就开始清洁煤气灶了。经过短短半个小时的努力，黑兮兮的煤气灶在她的巧手之下变得彻底干净、光亮了。看着自己的劳动成果，唐雯虽然感觉有些累，但别提多高兴啦。

【大家来分享——巧主妇无毒清洁术】

煤气灶是家庭经常使用而又极易弄脏的地方，累积的污垢清理起来麻烦又费事。不过，唐雯可以教给我们一种最简单、最有效的清洁方法，轻轻松松就能让煤气炉保持持久洁净。

1.煤气灶炉面的清洁

在炉面上撒上小苏打粉末，稍等片刻，这样油分就会被小苏打粉吸收，清洗时就容易了。用抹布蘸取牙膏反复擦拭炉面，直至擦拭干净。最后，再用干抹布将炉面擦拭干净。

1升热水 ∶ 1汤匙小苏打

2.煤气灶炉架、托盘的清洁

第一步：在容器中加入60~70℃的热水，按照1升热水1汤匙小苏打粉末的比例配制成小苏打水。将炉架、托盘等主要部件取下来，放入小苏打水中，稍等片刻，等待污垢溶解、剥离。

第二步：取出炉架，用海绵或抹布蘸取牙膏擦拭污垢处。很难擦掉的污垢，可以用牙刷或钢丝球刷洗，即可光亮如新。

第三步：擦掉污垢后，用热水冲洗部件，并用干抹布将其擦干，就可以装回去了。

3.煤气灶炉嘴的清洁

炉嘴时常会被油污塞住，用清水难于洗掉油污，而用清洁剂清洗又会造成炉嘴生锈。唐雯都

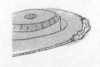

是怎么处理的呢？

先用牙刷将炉嘴表面的污物刷除。然后，用清水将小苏打粉末和牙膏稀释成糊状，涂抹在炉嘴上。待风干后，取下混合物，再用铁丝等细长物清除炉嘴上的堵塞污垢。这样，炉嘴不仅干干净净，而且畅通无阻。

> 做完饭菜后，趁热顺手打扫，随用随擦，常擦常净是清洁煤气灶的小窍门。因为煤气灶尚热时，上面的油垢或污物均处于被软化状态，是比较容易被清除掉的。

●柠檬+醋

柠檬和醋都是酸性物质，它们不仅是最佳的美容品，而且是不可多得的清洁妙方。乔恩用自己的亲身经历讲述了将柠檬和醋一起使用的清洁奇效，感兴趣的朋友们不妨一试哦！

NO.1 给烤箱"桑拿"一下，赶跑"油哈味"

乔恩平时很喜欢在家里 DIY 各种美食，尤其是饼干、蛋糕之类的小食品。为了让乔恩大展身手，丈夫就给她买了一台烤箱。可是，使用久了后，烤箱烤出来的东西总是有油腻味，食之难于下咽，这让乔恩大伤脑筋。不过，很快她在书上寻找到了一个清洁方法。一试，烤箱里的"油哈味"居然真消失了。

【大家来分享——巧主妇无毒清洁术】

使用一段时间的烤箱，很容易会出现"油哈味"或"老油味"。想除去这种难闻的味道,除每次烤制食物后深入清洁一次,打开烤箱门使烤箱内部自然吹干外,还可以使用"蒸桑拿"的方法哦!

第一步:将柠檬汁与醋以 1∶1 的比例配制成柠檬醋溶液,倒入烤箱烤盘中(到不会溢出的程度)。

第二步:插上插头,用100℃左右的温度烤 10 分钟,使柠檬醋溶液充分挥发,热风循环可去除"油哈味"。

拔下插头,如果烤箱中仍有"油哈味",可等烤盘冷却后,用抹布蘸点柠檬醋溶液将烤箱里面仔细地擦拭一遍。

现在烤箱干干净净了,烤鸡翅、烤肉串,做Pizza、做蛋挞……发挥你的想象力,尽情地享受烤箱里的美味吧!

NO.2 怎样照顾浴室爱发霉的小东西

浴室的小物件每次擦完不久就又会长出新霉菌,星星点点的墨绿色,像一簇簇小花开放着。乔恩觉得无计可施,但又不甘心,她冥思苦想,霉菌的克星会是什么呢? 洗洁精? 自己试了无数次都失败了;农药? 不行,搞不好先把自己给毒倒了;柠檬醋? 无毒又有个味儿,用它熏死细菌说不定能成。乔恩决定动手试试。过了一个星期后,女儿小馨激动地嚷道:"哎呀! 妈妈,这次我的小板凳怎么没有再发霉啦?"

【大家来分享——巧主妇无毒清洁术】

凡是放在浴室的小东西都会很容易长霉,清理完不到 5 天就又发霉了。小量的霉菌不会有大害。但若不尽快清除,则一发不可收拾。有没有不刺鼻的清洁用品让霉菌不再长呢? 乔恩帮你找到了!

第一步:把适量的清水装在喷壶中,均匀地洒在肥皂盒、脸盆、小板凳等容易发霉的

物体上,再用抹布擦拭或用牙刷刷洗,清除表面的污垢。

第二步:将柠檬汁和醋以1:1比例配制成柠檬醋水,喷在需要打扫的小东西上,放置5分钟,再用海绵或抹布擦洗干净。醋有抗菌作用,对抑制霉菌很有效,还可去除异味,可谓一举两得。

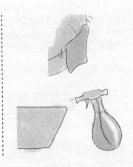

第三步:用清水加以冲洗,擦干,翻转过来放到干燥通风的地方,就大功告成了。

注意:浴室里没用的小东西要下决心处理掉。如果不用时,可以翻转过来放到通风的地方,这样可以预防霉的产生,清洁起来就没有那么费劲了,清洁的次数也就减少了。

柠檬醋中不含氯等物质,因此不会产生可怕、难闻的刺鼻味有毒气体,防霉效果更是没话说。真是令人安心呢!

NO.3　生活垃圾没异味,居家生活更舒心

乔恩爱吃零食,家中的垃圾桶总是少不了的,厨房、客厅、卧室、书房……正是"一个都不能少"。有了垃圾桶专门收集废弃物品,房间也就不再显凌乱。人人都知道,垃圾桶在提供方便的同时,又常会散发异味,污染居室环境。不过,这种情况在乔恩家不会出现,因为手巧的她时常运用柠檬和醋清洁垃圾桶。垃圾桶不仅没有异味,而且连虫蚁都不敢轻易"招惹"呢。

【大家来分享——巧主妇无毒清洁术】

在容易产生气味的夏天,即使把垃圾全部倒掉,垃圾桶还是会有一股难闻的气味。如果有客人来,不免大煞风景,更不利于自己和家人的身体健康。不过,只要稍稍动动脑筋,垃圾桶的怪味就能去除了。

方法 1

更换垃圾袋时,在袋底放入 3~5 片柠檬片,再在上面喷洒上几滴醋。这样不仅可以吸收垃圾袋里的潮气,飘荡清爽的柠檬清香,更可以抑制造成臭味的微生物繁殖。

方法 2

准备 1/2 杯柠檬汁,滴入几滴食醋,搅拌均匀。将一个棉花球或化妆棉放入杯中,浸泡 3~5 分钟。取出,将其放入装了垃圾的袋里,就可达到除臭、抗菌的效果。

用了这两个方法以后,垃圾桶就再也不会成为家中不良气味的来源。不过,最彻底的办法就是及时扔掉垃圾,并且每周都要以清水彻底清理垃圾桶,定期消毒。

●柠檬+盐

柠檬+盐可以制成鸡尾酒的一种,柠檬的酸和盐的咸,据说奇怪的味道让人无法忘怀。莉莎利用柠檬和盐的清洁方法,是不是一样会让你难以忘怀呢,一起来见证一下吧!

NO.1 再也不担心踏青归来的草渍啦

春天到了,莉莎和老公 David 一起去公园踏青,结果一不小心白裤子上沾了几点草渍。一开始还只是浅浅的颜色,后来就变成深咖啡色了。"怎么办呀? 干脆把这条裤子扔了吧,改天咱们再买条新的。"David 对莉莎说。莉莎瞪了 David 一眼:"哼,你就不知道过日子,我有办法将草渍洗掉。"脱下白裤子,莉莎对其做了不到二十分钟的清洗后,白裤子就又干干净净了。

【大家来分享——巧主妇无毒清洁术】

很多人都有过这样的经历。每次踏青回来,身上多少都会沾上草渍,草渍用普通的方法根本洗不掉,很让人头疼。这里莉莎向大家介绍一个清洗草渍的好办法。

第一步:先用小刀或硬纸板将尚未渗入衣服纤维的草渍轻轻刮去。

第二步:准备大半盆清水,放入 3 汤匙盐,用力搅拌几下,使盐溶解于水中。

第三步:取出两片新鲜的柠檬片,分别放在草渍处的两面。用柠檬片反复擦拭几下草渍。

第四步:再将衣服放入盐水中,浸泡 10~15 分钟。然后,用清水加以清洗,就可以直接晾晒了。

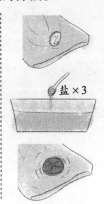

这个清洁方法可以帮助你轻轻松松将沾到衣物上的顽固草渍洗掉,你学会了吗? 好啦! 以后再去踏青、旅游之时,你就无须刻意拒绝和户外草地的亲密接触啦。

NO.2　为象牙饰品上一层带香气的光

去东南亚旅游时,莉莎和好友彭晓听当地人说象牙具有神圣的力量,可以避凶保平安,两人便各自买了一条象牙项链。一段时间后,彭晓的项链已经有些发黄,失去了原来的光泽,而莉莎的却光亮如新。后来,彭晓才得知,原来莉莎时常利用柠檬和盐给象牙项链自制上光粉,她真后悔自己当初不知道这样的好方法。

【大家来分享——巧主妇无毒清洁术】

当象牙饰品开始变黄时,你可以借鉴一下莉莎的自制上光法。柠檬和盐,除了能够有效清洁之外,还可以为象牙饰品上一层带香气的光,大大增加你的美感与个性。

方法 1

将一个柠檬对切,在柠檬切面上均匀地撒一些盐。用切面擦拭象牙饰品的表面,反复擦 30 次左右即可。等柠檬汁干了以后,用湿布轻轻擦拭,直到饰品表面光亮为止。

方法 2

盐　柠檬汁

4 : 1

将 4 汤匙盐和 1 汤匙柠檬汁调成稀糊状,将混合物均匀地涂抹在象牙饰品上,静置一整夜,让柠檬渗入污垢。此时,混合物也已发干硬,可用手取去。以温水将残留的物质擦拭干净,再以干布擦干即可。

现在来看一下,象牙饰品洁白的部分呈现出来了吧? 仔细闻一闻,还有一股隐隐的柠檬清香呢!

NO.3　给窗帘换上赏心悦目的"春装"吧

只要一走进莉莎的"小窝",你就会感觉到春的气息扑面而来,备感温馨浪漫,而这要归功于那色彩缤纷、赏心悦目的窗帘。作为一个时尚女士,莉莎深知窗帘的妙用,她准备了嫩黄、桃红、天蓝、纯白四种窗帘,替换使用。那些窗帘时时保持干净本不足为奇,但洗了多少次都不变色,颜色还越来越亮丽就有些说头了。关于这一点,莉莎坦言自己所做的不过是一点小改动而已。

【大家来分享——巧主妇无毒清洁术】

布料窗帘挂久了会受到灰尘的污染,有失美观,需要清洗。相信每一个主妇都会清洗窗帘,但是如何将窗帘洗得洁净如初、赏心悦目,就是一门学问了。在清洗窗帘过程中,莉莎做了什么小改动呢?

第一步：先在洗衣盆中装些清水（最好是35℃左右的温水），将1杯柠檬汁倒入水中，用力将水搅拌几次，让柠檬汁与水充分溶解。

第二步：将窗帘放入柠檬水中，揉搓几次，直到窗帘全部湿透为止，再浸泡10分钟左右。

第三步：清洗时，手蘸取少量盐，较脏的地方可适当多撒些盐，反复揉搓几遍。如此清洗整个窗帘，直到污渍消失，用清水加以清洗即可。若担心窗帘未洗干净，可将其再放入洗衣机中清洗。

用柠檬和盐洗窗帘为何会产生好效果呢？莉莎的解释是："柠檬汁浸泡窗帘可加速污渍的分解，使清洗变得简单。而盐能使布料颜色保持鲜亮，使洗出的窗帘更洁净、艳丽，又不缩水。"

莉莎清洗窗帘的方法，实惠又好记。给你家的窗帘也如此清洗一番，换上明亮的"春装"吧！既可直接为家中增添洁净感，又能很好地调节光线，让你的家跳出窠臼，变幻成温馨居室。

●纸巾+肥皂

把纸巾当做一次性抹布来用，是最好不过的了，可以省去不少清洗抹布的时间，而纸巾加肥皂又可以使居家清洁变得简单、省力起来。下面就是Kelly对"纸巾+肥皂"的巧妙用法。你可别小瞧这两者的组合哦，用过以后，你才知道它们的功效。

NO.1 扶手污垢？让它一擦而光吧

Kelly被所在护士组评为"优秀工作者"了，这与她对病人的贴心照顾、对工作的认真负责分不开。不过,还有一点引起大家关注的是每次轮到 Kelly 值日做卫生时,病房处处都干净整洁,就连门把手也不例外。同班护士小芸虽然也擦拭过门把手,但每次都不如 Kelly 擦得干净。Kelly 告诉小芸,清洁把手可不能蛮干,得有技巧才行。

【大家来分享——巧主妇无毒清洁术】

门把手、厨柜把手、衣柜把手、冰箱把手等因经常使用,往往容易藏污纳垢,让人防不胜防。而用刷子和抹布都难以进行清洗,用清洁剂又会腐蚀材质,而且液体滴得到处都是。该怎么处理呢? 纸巾和肥皂可帮你解决这个老大难问题。

第一步:将肥皂水装在喷壶中,均匀地喷洒在把手上。卷动纸巾将把手包起来,再在上面喷洒一层肥皂水。这样既能软化污垢,又能使肥皂与污垢充分结合,而不会很快地蒸发。

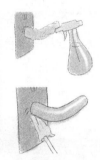

第二步:等待 10 分钟左右后,把纸巾取下来,你会发现大部分污垢会附着在湿纸巾上,而把手上的污垢已经去掉了大半。

对于把手凹沟细部的污垢,Kelly 则常会用蘸有肥皂水的纸巾包着一次性筷子深入缝隙,再也不怕把手角落处藏污纳垢了。

第三步:取一张干净的纸巾,轻轻擦拭一遍把手,污垢就全没有啦,把手干干净净、焕然一新。

把手是我们很多人第一时间都会接触到的,也是病菌的潜伏区域,极易让人感染疾病。所以,要经常对把手进行擦拭、消毒,让病菌无存身之地,健康也就得以保障。

NO.2 糟了! 书本染上了污渍,怎么办

一天晚上值班时,小芸正一手拿着油饼、一手拿着水笔学习医学方面的书籍,突然有一个急症病人入院,她立即去通知值班医生。等安顿好病人后,小芸回来一看,糟了!

书页居然被油饼浸上了油,还有一小片墨水,这可怎么办呀?这时,Kelly走了过来:"呵呵,我前几天刚好也遇到过这种事情。经过几次试验我终于找到了一个比较好的方法,挽救了我从别人那儿借来的书。"

【大家来分享——巧主妇无毒清洁术】

书籍沾染上污迹,不仅会影响看书的效果,而且还会缩短书的寿命。这时候,你只要使用肥皂和纸巾,就可以收到比较满意的清洁效果。

1.清除书本上的油渍

第一步:在油迹下面垫上一张吸水性较好的纸巾,用肥皂蘸取温水(把握好度,使书本有一定的湿润度,又不要太湿)轻轻擦拭油污,直到污渍淡掉。

第二步:用纸巾擦去书籍上的肥皂渍。

第三步:用清水将书页洗一下,并用纸巾吸干水分。

若油渍较多的话,中途可替换新的纸巾。

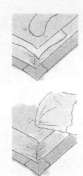

2.书本被墨水污染

第一步:在染有墨水迹的下面垫上吸水性较好的纸巾,用湿肥皂轻轻擦拭墨水,并用纸巾吸去墨水渍。

第二步:在墨水迹的上面也垫上吸水性较好的纸巾,并在上面放上杯子、盘子等重物,来回拉动,再静置 1~2 小时。

几遍之后,墨水可以被纸巾充分吸收了,书本干后墨水迹也会淡很多。如果有条件的话,可以使用电熨斗进行熨烫,这样的清洁效果会更好。

> 这个清洁工作,需要你有耐心,慢慢地操作。要注意掌握合适的力度,千万不要弄皱了书面哦。若效果不明显,你可以多试几次。